EXAMINATION QUESTIONS AND ANSWERS
OF AMERICAN MIDDLE SCHOOL
MATHEMATICAL CONTEST FROM
FIRST TO THE LATEST (VOLUME)

历届美国中学生
数学竞赛试题及解答

第6卷 兼谈Cauchy函数方程

1973～1980

刘培杰数学工作室 编

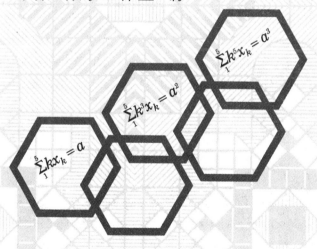

哈尔滨工业大学出版社
HARBIN INSTITUTE OF TECHNOLOGY PRESS

内容简介

美国中学数学竞赛是全国性的智力竞技活动,由大学教授出题,题目具有深厚的背景,蕴含丰富的数学思想,这些题目有益于学生掌握数学思想,提高辨识数学思维模式的能力.本书面向高中师生,整理了从1973年到1980年历届美国中学生数学竞赛试题,并给出了答案.

本书适用于中学生、中学教师及数学竞赛爱好者参考阅读.

图书在版编目(CIP)数据

历届美国中学生数学竞赛试题及解答.第6卷,兼谈 Cauchy 函数方程:1973~1980/刘培杰数学工作室编. —哈尔滨:哈尔滨工业大学出版社,2017.7
ISBN 978-7-5603-6701-9

Ⅰ.①历… Ⅱ.①刘… Ⅲ.①中学数学课-题解 Ⅳ.①G634.605

中国版本图书馆 CIP 数据核字(2017)第146279号

策划编辑	刘培杰 张永芹
责任编辑	曹 杨
封面设计	孙茵艾
出版发行	哈尔滨工业大学出版社
社　　址	哈尔滨市南岗区复华四道街10号 邮编150006
传　　真	0451-86414749
网　　址	http://hitpress.hit.edu.cn
印　　刷	哈尔滨市工大节能印刷厂
开　　本	787mm×960mm 1/16 印张7 字数67千字
版　　次	2017年7月第1版 2017年7月第1次印刷
书　　号	ISBN 978-7-5603-6701-9
定　　价	18.00元

(如因印装质量问题影响阅读,我社负责调换)

目录

第1章 1973年试题 //1
    1 第一部分 试题 //1
    2 第二部分 答案 //9

第2章 1974年试题 //10
    1 第一部分 试题 //10
    2 第二部分 答案 //17

第3章 1975年试题 //18
    1 第一部分 试题 //18
    2 第二部分 答案 //26

第4章 1976年试题 //27
    1 第一部分 试题 //27
    2 第二部分 答案 //35

第5章 1977年试题 //36
    1 第一部分 试题 //36
    2 第二部分 答案 //44

第6章 1978年试题 //45
    1 第一部分 试题 //45
    2 第二部分 答案 //53

第7章　1979年试题　//54

　　1　第一部分　试题　//54

　　2　第二部分　答案　//62

第8章　1980年试题　//63

　　1　第一部分　试题　//63

　　2　第二部分　答案　//71

附录　函数方程的柯西解法　//72

1973 年试题

1 第一部分 试题

1. 在半径是 12 的圆中,垂直平分半径的弦的长度是( ).
   (A)$3\sqrt{3}$ (B)27   (C)$6\sqrt{3}$
   (D)$12\sqrt{3}$ (E)这些都不对

2. 1 000 个体积为 1 cm³ 的小立方体合在一起成为一个棱长是 10 cm 的大立方体,表面涂油漆后,再分开为原来的小立方体,这些小立方体中至少有一面被油漆涂过的数目是( ).
   (A)600   (B)520   (C)488
   (D)480   (E)400

3. 著名的哥德巴赫猜想指出,任何大于 7 的偶整数可以恰好写为两个不同素数之和,用这种方法表示偶数 126,两个素数之间最大的差是( ).

(A)112 (B)100 (C)92 (D)88 (E)80

4. 两个30°-60°-90°的全等三角形,使它们一部分重叠并且斜边恰好重合. 若每个三角形的斜边是12,则两个三角形的公共部分的面积是(　　).

(A)$6\sqrt{3}$ (B)$8\sqrt{3}$ (C)$9\sqrt{3}$ (D)$12\sqrt{3}$ (E)24

5. 下列关于求平均(算术平均)的二次运算的Ⅰ至Ⅴ五种说法,其中正确的是(　　).

　Ⅰ. 求平均是可结合的;

　Ⅱ. 求平均是可交换的;

　Ⅲ. 求平均对于加法是可分配的;

　Ⅳ. 加法对求平均是可分配的;

　Ⅴ. 求平均有一个恒等元素.

(A)全部　　(B)只有Ⅰ和Ⅱ　　(C)只有Ⅱ和Ⅲ

(D)只有Ⅱ和Ⅳ　(E)只有Ⅱ和Ⅴ

6. 在某种记数法中,24的平方是554,这是几进位制?
(　　).

(A)6 (B)8 (C)12 (D)14 (E)16

7. 在50和350之间所有末位是1的整数之和是(　　).

(A)5 880　　(B)5 539　　(C)5 208

(D)4 877　　(E)4 566

8. 如果漆6英尺(1英尺=0.304 8米)高的塑像需1品脱(1品脱=0.568 26升)油漆,那么涂(相同厚度)540个1英尺高的复制塑像需要油漆的品脱数是(　　).

(A)90 (B)72 (C)45 (D)30 (E)15

9. 在C为直角的△ABC中,高CH和中线CM三等分

2

该直角. 若 △CHM 的面积是 k，那么 △ABC 的面积是(　　).

(A)6k　(B)$4\sqrt{3}k$　(C)$3\sqrt{3}k$　(D)3k　(E)4k

10. 若 n 是一个实数,那么方程组
$$\begin{cases} nx+y=1 \\ ny+z=1 \\ x+nz=1 \end{cases}$$
当且仅当 n 等于下列何值时无解(　　).

(A)−1　(B)0　(C)1　(D)0 或 1　(E)$\frac{1}{2}$

11. 一个有外切正方形和内接正方形的圆,其圆心在一个有正 X 轴 OX 和正 Y 轴 OY 的直角坐标系的原点 O 上,如下列 I 到 Ⅳ 的各图所示.

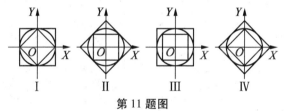

第 11 题图

不等式 $|x|+|y| \leqslant \sqrt{2(x^2+y^2)} \leqslant 2\max\{|x|,|y|\}$ 表示哪个图形的几何意义(　　).

(A)Ⅰ　(B)Ⅱ　(C)Ⅲ　(D)Ⅳ　(E)都不是

12. 一群由医生和律师组成的人中平均(算术平均)年龄是 40 岁.若医生的平均年龄是 35 岁,律师的平均年龄是 50 岁,那么医生和律师的人数比是(　　).

(A)3∶2　(B)3∶1　(C)2∶3　(D)2∶1　(E)1∶2

历届美国中学生数学竞赛试题及解答.第6卷,兼谈 Cauchy 函数方程:1973～1980

13. 分数 $\dfrac{2(\sqrt{2}+\sqrt{6})}{3(\sqrt{2+\sqrt{3}})}$ 等于( ).

(A) $\dfrac{2\sqrt{2}}{3}$ (B)1 (C) $\dfrac{2\sqrt{3}}{3}$ (D) $\dfrac{4}{3}$ (E) $\dfrac{16}{9}$

14. 打开 A,B,C 的每一个阀门,水就以各自不变的速度注入水槽.当三个阀门都打开时,注满水槽需 1 h.如果只打开 A,C 两个阀门,需要 1.5 h.如果只打开 B,C 两个阀门,需要 2 h,则只打开 A,B 两个阀门时,注满水槽所需的时间是( ).

(A)1.1 h (B)1.15 h (C)1.2 h (D)1.25 h
(E)1.75 h

15. 从一个半径是 6 的圆中截得一个圆心角是锐角 θ 的扇形,则这个扇形外接圆的半径是( ).

(A)$3\cos\theta$ (B)$3\sec\theta$ (C)$3\cos\dfrac{1}{2}\theta$

(D)$3\sec\dfrac{1}{2}\theta$ (E)3

16. 若一个凸多边形除去一个角以外所有角的和是 2 190°,那么这个多边形的边数应为( ).

(A)13 (B)15 (C)17 (D)19 (E)21

17. 若 θ 是一个锐角且 $\sin\dfrac{1}{2}\theta=\sqrt{\dfrac{x-1}{2x}}$,那么 $\tan\theta$ 等于( ).

(A)x (B)$\dfrac{1}{x}$ (C)$\dfrac{\sqrt{x-1}}{x+1}$

(D)$\dfrac{\sqrt{x^2-1}}{x}$ (E)$\sqrt{x^2-1}$

4

第1章　1973年试题

18. 如果 $P \geq 5$ 是一个素数,那么 24 整除 P^2-1 (　　).
    (A)不可能　(B)只是有时可能　(C)总是可能
    (D)只是当 $P=5$ 时可能　(E)这些都不对

19. 对于正数 n 和 a,定义 $n_a!$ 为
    $$n_a! = n(n-a)(n-2a)(n-3a)\cdots(n-ka)$$
    其中 k 是对于 $n > ka$ 的最大整数,那么 $\dfrac{72_3!}{18_2!}$ 等于
    (　　).
    (A)4^5　(B)4^6　(C)4^8　(D)4^9　(E)4^{12}

20. 一个牧童在小河南 4 英里(1 英里 = 1 609.344 米)处,河水向正东流,而他也正位于小屋西 8 英里北 7 英里处. 牧童想把他的马牵到小河去饮水,然后回家. 他能够完成这件事所走的最短距离(英里)是(　　).
    (A)$4+\sqrt{185}$　(B)16　(C)17　(D)18
    (E)$\sqrt{32}+\sqrt{137}$

21. 其和是 100 的两个以上连续正整数集合的数目是(　　).
    (A)1　(B)2　(C)3　(D)4　(E)5

22. 不等式 $|x-1|+|x+2|<5$ 的所有实数解的集合是(　　).
    (A)$\{x \mid -3<x<2\}$　　(B)$\{x \mid -1<x<2\}$
    (C)$\{x \mid -2<x<1\}$　　(D)$\left\{x \mid -\dfrac{3}{2}<x<\dfrac{7}{2}\right\}$
    (E)$\varnothing$

历届美国中学生数学竞赛试题及解答. 第6卷,兼谈 Cauchy 函数方程:1973~1980

23. 有两张卡片,一张两面都是红的,另一张一面是红的,另一面是蓝的. 两张卡片被选择的概率均为 $\frac{1}{2}$. 现选择一张放在桌子上,若该卡片上面一面是红的,那么下面一面也是红的概率是( ).

(A) $\frac{1}{4}$ (B) $\frac{1}{3}$ (C) $\frac{1}{2}$ (D) $\frac{2}{3}$ (E) $\frac{3}{4}$

24. 3 块三明治、7 杯咖啡和 1 张馅饼的午餐,账单总计 3.15 美元. 在同一饭店 4 块三明治、10 杯咖啡和 1 张馅饼的午餐,账单共计 4.20 美元,那么在同一饭店 1 块三明治、1 杯咖啡和 1 张馅饼的午餐,账单总计为( ).

(A)1.70 美元 (B)1.65 美元 (C)1.20 美元
(D)1.05 美元 (E)0.95 美元

25. 一个直径是 12 英尺的圆形草坪被一条宽 3 英尺的笔直的沙砾小路所截,小路的一边穿过草坪的中心,则剩余草坪面积的平方英尺数是( ).

(A)$36\pi - 34$ (B)$30\pi - 15$ (C)$36\pi - 33$
(D)$35\pi - 9\sqrt{3}$ (E)$30\pi - 9\sqrt{3}$

26. 一个项数是偶数的算术级数. 奇数项和偶数项的和分别是 24 和 30. 若最后一项比第一项大 10.5,则该算术级数的项数是( ).

(A)20 (B)18 (C)12 (D)10 (E)8

27. 汽车 A 和 B 行驶同样的距离. 汽车 A 以 u 英里/h (1 英里 =1.609 344 公里)行驶路程的一半并以 v 英里/h 行驶另一半. 汽车 B 以 u 英里/h 行驶所行

第1章　1973年试题

时间的一半并以 v 英里/h 行驶另一半. 汽车 A 的平均速度是 x 英里/h, 汽车 B 的平均速度是 y 英里/h, 那么我们总有(　　).

(A) $x \leqslant y$　(B) $x \geqslant y$　(C) $x = y$　(D) $x < y$

(E) $x > y$

28. 若 a, b 和 c 是几何级数, 其中 $0 < a < b < c$ 且 $n > 1$ 是一个整数, 那么 $\log_a n, \log_b n, \log_c n$ 形成的数列为(　　).

(A) 几何级数　(B) 算术级数

(C) 在这个数列中, 每项的倒数组成一个算术级数

(D) 在这个数列中, 第二项和第三项分别是第一项和第二项的 n 次幂

(E) 这些都不是

29. 两个孩子在圆形跑道上从同一点 A 出发按相反方向运动. 他们的速度是 5 英尺/s 和 9 英尺/s. 如果他们同时出发并当他们在点 A 第一次相遇的时候结束, 那么他们从出发到结束之间相遇的次数是(　　).

(A) 13 次　(B) 25 次　(C) 44 次　(D) 无穷多次

(E) 这些都不是

30. 设 $[t]$ 表示小于或等于 t 的最大整数, 其中 $t \geqslant 0$ 且 $S = \{(x, y) \mid (x - T)^2 + y^2 \leqslant T^2$, 其中 $T = t - [t]\}$ 那么我们有(　　).

(A) 对于任何 t, 点 $(0, 0)$ 不属于 S

(B) S 的面积界于 0 和 π 之间

(C) 对于所有的 $t \geqslant 5$, S 被包含在第一象限内

7

(D)对于任何t,S的圆心在直线$y=x$上

(E)以上的说法没有一个是正确的

31. 在下列方程中,每个字母代表在十进位制中一个不同的数字,$(YE)\cdot(ME)=TTT$,在左边的乘积中YE比ME小,则$E+M+T+Y$的和等于( ).

(A)19　(B)20　(C)21　(D)22　(E)24

32. 一个正棱锥的底是一个边长为6的等边三角形,其余每条棱长为$\sqrt{15}$,则这个正三棱锥的体积是( ).

(A)9　(B)$\dfrac{9}{2}$　(C)$\dfrac{27}{2}$　(D)$\dfrac{9\sqrt{3}}{2}$

(E)这些都不对

33. 将一盎司(1盎司=28.3495 g)水加到酸和水的混合液中,新的混合液含酸20%.将一盎司酸加到新的混合液中,结果含酸$33\dfrac{1}{3}$%,则在原混合液中酸的百分数是( ).

(A)22%　(B)24%　(C)25%　(D)30%

(E)$33\dfrac{1}{3}$%

34. 一架飞机逆风直线飞行在两个城镇之间用了84 min,顺风返回的时间比它在无风时飞行的时间少9 min,则返回旅程的分钟数是( ).

(A)54或18　(B)60或15　(C)63或12

(D)72或36　(E)75或20

35. 在如图所示的单位圆中,弦PQ和MN平行于过圆心O的单位半径OR.弦MP,PQ和NR都是s个单

位长,弦 MN 是 d 个单位长.下列三个方程

Ⅰ. $d-s=1$；Ⅱ. $ds=1$；Ⅲ. $d^2-s^2=\sqrt{5}$.

必为正确的是( ).

(A)只有Ⅰ　　　(B)只有Ⅱ　　　(C)只有Ⅲ

(D)只有Ⅰ和Ⅱ　(E)Ⅰ,Ⅱ和Ⅲ

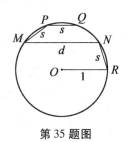

第 35 题图

2　第二部分　答案

1.(D)　2.(C)　3.(B)　4.(D)　5.(D)　6.(C)

7.(A)　8.(E)　9.(E)　10.(A)　11.(B)

12.(D)　13.(D)　14.(C)　15.(D)　16.(B)

17.(E)　18.(C)　19.(D)　20.(C)　21.(B)

22.(A)　23.(D)　24.(D)　25.(E)　26.(E)

27.(A)　28.(C)　29.(A)　30.(B)　31.(C)

32.(A)　33.(C)　34.(C)　35.(E)

1974 年试题

1 第一部分 试题

第 2 章

1. 若 $x \neq 0$ 或 4 且 $y \neq 0$ 或 6,那么 $\frac{2}{x} + \frac{3}{y} = \frac{1}{2}$ 等价于( ).

(A) $4x + 3y = xy$

(B) $y = \frac{4x}{6-y}$

(C) $\frac{x}{2} + \frac{y}{3} = 2$

(D) $\frac{4y}{y-6} = x$

(E) 这些都不对

2. 设 x_1 和 x_2 是这样两个数:$x_1 \neq x_2$ 且 $3x_i^2 - hx_i = b, i = 1, 2$,那么 $x_1 + x_2$ 等于( ).

(A) $-\frac{h}{3}$ (B) $\frac{h}{3}$ (C) $\frac{b}{3}$ (D) $2b$

(E) $-\frac{b}{3}$

3. 在$(1+2x-x^2)^4$的多项式展开式中x^7的系数是( ).
   (A)-8　(B)12　(C)6　(D)-12
   (E)这些都不对

4. 当$x^{51}+51$除以$x+1$时,余数是( ).
   (A)0　(B)1　(C)49　(D)50　(E)51

5. 已知圆内接四边形$ABCD$,过点B延长AB到点E. 若$\angle BAD=92°$,$\angle ADC=68°$,则$\angle EBC$等于( ).
   (A)66°　(B)68°　(C)70°　(D)88°　(E)92°

6. 对于正实数x和y定义$x*y=\dfrac{x\cdot y}{x+y}$,那么( ).
   (A)"$*$"是可以交换的,但不可以结合
   (B)"$*$"是可以结合的,但不可以交换
   (C)"$*$"既不可以交换,也不可以结合
   (D)"$*$"是可以交换和结合的
   (E)这些都不对

7. 一个城镇的人口增加了1 200人,然后新的人口又减少了11%. 现在镇上的人数比增加1 200人以前还少32人,则原有人口( ).
   (A)1 200人　(B)11 200人　(C)9 968人
   (D)10 000人　(E)这些都不对

8. 可除尽$3^{11}+5^{13}$的最小素数是( ).
   (A)2　(B)3　(C)5　(D)$3^{11}+5^{13}$
   (E)这些都不对

9. 比1大的整数像下面这样排成五列:

```
      2   3   4   5
  9   8   7   6
     10  11  12  13
 17  16  15  14
 ...  ...  ...  ...
```

在每一行中出现四个连续整数,在第一、第三和其他奇数行中,整数出现在后四列中,并且数字从左至右增加;在第二、第四和其他偶数行中,整数出现在前四列中并且从右至左增加,则数 1 000 将在(　　).

(A)第一列　　(B)第二列　　(C)第三列
(D)第四列　　(E)第五列

10. 若 $2x(kx-4)-x^2+6=0$ 没有实数根,则 k 的最小整数值是(　　).

(A)-1　(B)2　(C)3　(D)4　(E)5

11. 若 (a,b) 和 (c,d) 是直线 $y=mx+k$ 上的两点,则 (a,b) 和 (c,d) 间的距离用 a,c,m 来表示是(　　).

(A)$|a-c|\sqrt{1+m^2}$　　(B)$|a+c|\sqrt{1+m^2}$

(C)$\dfrac{|a-c|}{\sqrt{1+m^2}}$　　(D)$|a-c|(1+m^2)$

(E)$|a-c||m|$

12. 若 $g(x)=1-x^2$,且当 $x\neq 0$ 时,$f[g(x)]=\dfrac{1-x^2}{x^2}$,则 $f\left(\dfrac{1}{2}\right)$ 等于(　　).

(A)$\dfrac{3}{4}$　(B)1　(C)3　(D)$\dfrac{\sqrt{2}}{2}$　(E)$\sqrt{2}$

第2章 1974年试题

13. "如果 P 是正确的,那么 Q 是不正确的".下面叙述与它等价的是(　　).

    (A)"P 是正确的或者 Q 是不正确的."

    (B)"如果 Q 是不正确的,那么 P 是正确的."

    (C)"如果 P 是不正确的,那么 Q 是正确的."

    (D)"如果 Q 是不正确的,那么 P 是不正确的."

    (E)"如果 Q 是正确的,那么 P 是不正确的."

14. 下列说法正确的是(　　).

    (A)如果 $x<0$,那么 $x^2>x$

    (B)如果 $x^2>0$,那么 $x>0$

    (C)如果 $x^2>x$,那么 $x>0$

    (D)如果 $x^2>x$,那么 $x<0$

    (E)如果 $x<1$,那么 $x^2<x$

15. 如果 $x<-2$,那么 $|1-|1+x||$ 等于(　　).

    (A)$2+x$　　(B)$-2-x$　　(C)x　　(D)$-x$　　(E)-2

16. 一个半径为 r 的圆内切于一个等腰直角三角形,一个半径为 R 的圆外接于这个三角形,那么 $\dfrac{R}{r}$ 等于(　　).

    (A)$1+\sqrt{2}$　　(B)$\dfrac{2+\sqrt{2}}{2}$　　(C)$\dfrac{\sqrt{2}-1}{2}$

    (D)$\dfrac{1+\sqrt{2}}{2}$　　(E)$2(2-\sqrt{2})$

17. 若 $i^2=-1$,则 $(1+i)^{20}-(1-i)^{20}$ 等于(　　).

    (A)$-1\,024$　　(B)$-1\,024i$　　(C)0

    (D)$1\,024$　　(E)$1\,024i$

18. 若 $\log_8 3 = p$, $\log_3 5 = q$, 则用 p 和 q 表示 $\log_{10} 5$ 等于( ).

(A) pq (B) $\dfrac{3p+q}{5}$ (C) $\dfrac{1+3pq}{p+q}$

(D) $\dfrac{3pq}{1+3pq}$ (E) $p^2 + q^2$

19. 如图, $ABCD$ 是一个正方形, $\triangle CMN$ 是一个等边三角形. 若 $ABCD$ 的面积是 1 平方英寸(1 平方英寸 = 6.451 6 cm^2), 那么 $\triangle CMN$ 的面积是( ).

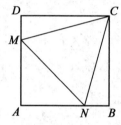

第19题图

(A) $2\sqrt{3} - 3$ 平方英寸 (B) $1 - \dfrac{\sqrt{3}}{3}$ 平方英寸

(C) $\dfrac{\sqrt{3}}{4}$ 平方英寸 (D) $\dfrac{\sqrt{2}}{3}$ 平方英寸

(E) $4 - 2\sqrt{3}$ 平方英寸

20. 设 $T = \dfrac{1}{3-\sqrt{8}} - \dfrac{1}{\sqrt{8}-\sqrt{7}} + \dfrac{1}{\sqrt{7}-\sqrt{6}} - \dfrac{1}{\sqrt{6}-\sqrt{5}} + \dfrac{1}{\sqrt{5}-2}$, 那么( ).

(A) $T < 1$ (B) $T = 1$ (C) $1 < T < 2$ (D) $T > 2$

(E) $T = \dfrac{1}{(3-\sqrt{8})(\sqrt{8}-\sqrt{7})(\sqrt{7}-\sqrt{6})} \times \dfrac{1}{(\sqrt{6}-\sqrt{5})(\sqrt{5}-2)}$

14

21. 在正项几何级数中,第五项与第四项的差是576,第二项与第一项的差是9,则这个数列前五项的和是( ).

(A)1 061　　(B)1 023　　(C)1 024

(D)768　　(E)这些都不对

22. 当 A 是何值时,$\sin\dfrac{A}{2}-\sqrt{3}\cos\dfrac{A}{2}$ 有极小值? ( ).

(A)$-180°$　　(B)$60°$　　(C)$120°$

(D)$0°$　　(E)这些都不对

23. 如图,TP 和 $T'Q$ 是半径为 r 的圆 O 的两条平行切线,T 和 T' 是切点. $PT''Q$ 是切点为 T'' 的第三条切线. 若 $TP=4, T'Q=9$,则 r 是( ).

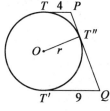

第23题图

(A)$\dfrac{25}{6}$　　(B)6　　(C)$\dfrac{25}{4}$

(D)除 $\dfrac{25}{6}, 6, \dfrac{25}{4}$ 以外的一个数

(E)从已知条件无法确定

24. 一只骰子掷6次,至少5次是5的概率是( ).

(A)$\dfrac{13}{729}$　　(B)$\dfrac{12}{729}$　　(C)$\dfrac{2}{729}$

(D)$\dfrac{3}{729}$　　(E)这些都不对

25. 在如图所示的▱ABCD中,直线DP平分BC于点N并与AB的延长线相交于点P.从顶点C开始的直线CQ平分边AD于点M并与BA的延长线相交于点Q.直线DP和CQ相交于点O.若▱ABCD的面积是K,则△QPO的面积等于( ).

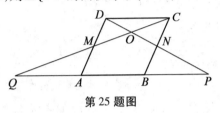

第25题图

(A)K (B)$\dfrac{6}{5}K$ (C)$\dfrac{9}{8}K$ (D)$\dfrac{5}{4}K$ (E)2K

26. 30^4 的相异正整除数,除1和30^4以外的个数为( ).
(A)100个 (B)125个 (C)123个 (D)30个
(E)这些都不对

27. 如果对于一切实数$x,f(x)=3x+2$,那么下述说法"$|f(x)+4|<a$,每当$|x+2|<b,a>0,b>0$"为真的条件是( ).

(A)$b\leq\dfrac{a}{3}$ (B)$b>\dfrac{a}{3}$ (C)$a\leq\dfrac{b}{3}$ (D)$a>\dfrac{b}{3}$
(E)这种说法永不为真

28. 当a_1是0或2,a_2是0或2,$\cdots$,a_{25}是0或2时,形如
$$x=\dfrac{a_1}{3}+\dfrac{a_2}{3^2}+\cdots+\dfrac{a_{25}}{3^{25}}$$的一切数x,可满足( ).

(A)$0\leq x<\dfrac{1}{3}$ (B)$\dfrac{1}{3}\leq x<\dfrac{2}{3}$

(C)$\dfrac{2}{3}\leq x<1$ (D)$0\leq x<\dfrac{1}{3}$或$\dfrac{2}{3}\leq x<-1$

(E) $\frac{1}{2} \leqslant x \leqslant \frac{3}{4}$

29. 对于 $P=1,2,\cdots,10$,设 S_P 是算术级数前 40 项的和,它的第一项是 P,公差是 $2P-1$,那么 $S_1+S_2+\cdots+S_{10}$ 是( ).

(A)80 000 　　(B)80 200 　　(C)80 400
(D)80 600 　　(E)80 800

30. 一条线段的分割法是使小的部分与大的部分的比和大的部分与整个线段的比一样. 若 R 是小的部分与大的部分的比值,那么 $R^{\left[R\left(R^2+\frac{1}{R}\right)+\frac{1}{R}\right]}+\frac{1}{R}$ 的值是( )

(A)2　(B)$2R$　(C)$\frac{1}{R}$　(D)$2+\frac{1}{R}$　(E)$2+R$

2　第二部分　答案

1.(D)　2.(B)　3.(A)　4.(D)　5.(B)　6.(D)
7.(D)　8.(A)　9.(B)　10.(B)　11.(A)
12.(B)　13.(D)　14.(A)　15.(B)　16.(A)
17.(C)　18.(D)　19.(A)　20.(D)　21.(B)
22.(E)　23.(B)　24.(A)　25.(C)　26.(C)
27.(A)　28.(D)　29.(B)　30.(A)

1975 年试题

1 第一部分 试题

1. $\dfrac{1}{2-\dfrac{1}{2-\dfrac{1}{2-\dfrac{1}{2}}}}$ 的值是(　　).

(A) $\dfrac{3}{4}$　(B) $\dfrac{4}{5}$　(C) $\dfrac{5}{6}$　(D) $\dfrac{6}{7}$　(E) $\dfrac{6}{5}$

2. 要使联立方程

$$\begin{cases} y = mx + 3 \\ y = (2m-1)x + 4 \end{cases}$$

至少有一对实数解 (x,y),则满足条件的 m 的实数值为(　　).

(A) 所有 m　　　(B) 所有 $m \neq 0$

(C) 所有 $m \neq \dfrac{1}{2}$　(D) 所有 $m \neq 1$

(E) 无 m 值可满足

3. 对所有实数 a,b,c,x,y,z,其中 $x<a,y<b,z<c$,下列不等式可以成立的是( ).

   Ⅰ. $xy+yz+zx<ab+bc+ca$;

   Ⅱ. $x^2+y^2+z^2<a^2+b^2+c^2$;

   Ⅲ. $xyz<abc$.

   (A)没有一个成立　(B)仅Ⅰ　(C)仅Ⅱ

   (D)仅Ⅲ　(E)所有的都成立

4. 若第一个正方形的边是第二个正方形的对角线,则第一个和第二个正方形的面积之比是( ).

   (A)2　(B)$\sqrt{2}$　(C)$\frac{1}{2}$　(D)$2\sqrt{2}$　(E)4

5. 多项式 $(x+y)^9$ 按 x 的降幂展开.当 $x=p$ 及 $y=q$ 时,第二项和第三项有相等的值,其中 p 和 q 是正数且它们的和是1,则 p 的值是( ).

   (A)$\frac{1}{5}$　(B)$\frac{4}{5}$　(C)$\frac{1}{4}$　(D)$\frac{3}{4}$　(E)$\frac{8}{9}$

6. 从前80个整偶数的和中减去前80个整奇数的和是( ).

   (A)0　(B)20　(C)40　(D)60　(E)80

7. x 是哪些非零实数时,$\frac{|x-|x||}{x}$ 是一个正整数?( ).

   (A)只有当 x 是负数　(B)只有当 x 是正数

   (C)只有当 x 是一个偶整数

   (D)x 是一切非零实数　(E)x 不是非零实数

8. "这家商店中的所有衬衫是出售的."如果这个说法是不成立的,那么下列说法中必定正确的是( ).

历届美国中学生数学竞赛试题及解答.第6卷,兼谈 Cauchy 函数方程:1973~1980

Ⅰ.在这家商店中的所有衬衫不是出售的;

Ⅱ.在这家商店中有一些衬衫不出售;

Ⅲ.在这家商店中没有衬衫是出售的;

Ⅳ.在这家商店中不是所有衬衫是出售的.

(A)只有Ⅱ　　(B)只有Ⅳ　　(C)只有Ⅰ和Ⅱ

(D)只有Ⅱ和Ⅳ　(E)只有Ⅰ,Ⅱ和Ⅳ

9. 设 $a_1, a_2, \cdots$ 和 $b_1, b_2, \cdots$ 是算术级数,其中 $a_1 = 25$, $b_1 = 75, a_{100} + b_{100} = 100$,则数列 $a_1 + b_1, a_2 + b_2, \cdots$ 的前 100 项之和是(　　).

(A)0　　(B)100　　(C)10 000　　(D)505 000

(E)已知条件不足以解决这个问题

10. 当 n 为正整数时,$(10^{4n^2+8}+1)^2$ 的十进制数字之和是(　　).

(A)4　　(B)$4n$　　(C)$2+2n$　　(D)$4n^2$

(E)n^2+n+2

11. 设 P 是圆 K 内的一点但不重合于圆心.经过点 P 作圆 K 的所有弦并定出它们的中点,则这些中点的轨迹是(　　).

(A)除去一点的一个圆

(B)若从点 P 到圆心 K 的距离小于圆 K 的半径的一半,是一个圆,否则是小于 360°的一条圆弧

(C)除去一点的一个半圆　　(D)一个半圆

(E)一个圆

12. 若 $a \neq b, a^3 - b^3 = 19x^3$ 并且 $a - b = x$,则下面结论正确的是(　　).

(A)$a = 3x$　(B)$a = 3x$ 或 $a = -2x$

(C)$a=-3x$ 或 $a=2x$ (D)$a=3x$ 或 $a=2x$
(E)$a=2x$

13. 方程 $x^6-3x^5-6x^3-x+8=0$( ).
 (A)无实数根 (B)恰有两个相异的负根
 (C)恰有一个负根
 (D)无负根,但至少有一个正根 (E)这些都不对

14. 若当 whosis 是 is 且 so 和 so 是 is·so 时,whatsis 是 so. 当 whosis 是 so 且 so 和 so 是 so·so,又 is 是 2 时,whosis·whatsis 是( ).(whatsis,whosis,is 和 so 是取正值的变量)
 (A)whosis·is·so (B)whosis (C)is (D)so
 (E)so 和 so

(译者注:这些英文字母串并非有意义的词,只是一些记号)

15. 在数列 $1,3,2,\cdots$ 中,前两项以后的每一项等于它的前面一项减去再前面一项,则这个数列的前 100 项之和是( ).
 (A)5 (B)4 (C)2 (D)1 (E)-1

16. 若一个无限几何级数的首项是一个正整数,公比是一个正整数的倒数,级数的和是 3,那么这个级数的前两项之和是( ).
 (A)$\frac{1}{3}$ (B)$\frac{2}{3}$ (C)$\frac{8}{3}$ (D)2 (E)$\frac{9}{2}$

17. 某人上下班可乘火车或汽车. 若他早晨上班乘火车则下午乘汽车;若他下午回家乘火车则早晨乘汽车. 在 x 天中这个人乘火车 9 次,早晨乘汽车 8 次,下午乘汽车 15 次,则 x 为( ).

(A)19　(B)18　(C)17　(D)16

(E)已知条件不足以解此题

18. 任意选择一个用十进制表示的三位正整数 N，每个三位数有相等的选择机会，则 $\log_2 N$ 是一个整数的概率是(　　).

(A)0　(B)$\dfrac{3}{899}$　(C)$\dfrac{1}{225}$　(D)$\dfrac{1}{300}$　(E)$\dfrac{1}{450}$

19. 哪些正数 x 满足方程 $(\log_3 x)(\log_x 5) = \log_3 5$？(　　).

(A)仅 3 和 5　(B)仅 3,5 和 15

(C)仅形如 $5^n \cdot 3^m$ 的数，其中 n 和 m 是正整数

(D)所有正数 $x \neq 1$　(E)这些都不对

20. 如图中的 $\triangle ABC$，$AB = 4$，$AC = 8$. 若 M 是 BC 的中点，$AM = 3$，则 BC 长为(　　).

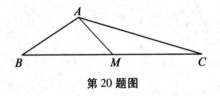

第 20 题图

(A)$2\sqrt{26}$　(B)$2\sqrt{31}$　(C)9　(D)$4 + 2\sqrt{13}$

(E)已知条件不足以解此题

21. 假设 $f(x)$ 对一切实数 x 有定义，对所有 x，$f(x) > 0$，对所有 a 和 b，$f(a)f(b) = f(a+b)$，下列说法正确的是(　　).

Ⅰ. $f(0) = 1$；

Ⅱ. $f(-a) = \dfrac{1}{f(a)}$，对所有 a；

Ⅲ. $f(a) = \sqrt[3]{f(3a)}$,对所有 a;

Ⅳ. $f(b) > f(a)$,若 $b > a$.

(A)仅Ⅲ和Ⅳ　　　　(B)仅Ⅰ,Ⅲ和Ⅳ

(C)仅Ⅰ,Ⅱ和Ⅳ　　　(D)仅Ⅰ,Ⅱ和Ⅲ

(E)所有都正确

22. 若 p 和 q 是素数,$x^2 - px + q = 0$ 有相异的正整数根,那么下列说法中正确的是( ).

Ⅰ. 根的差是奇数;

Ⅱ. 至少一个根是素数;

Ⅲ. $p^2 - q$ 是素数;

Ⅳ. $p + q$ 是素数.

(A)仅Ⅰ　　(B)仅Ⅱ　　(C)仅Ⅱ和Ⅲ

(D)仅Ⅰ,Ⅱ和Ⅳ　　(E)全都正确

23. 在下图中,AB 和 BC 是正方形 $ABCD$ 的邻边,M 是 AB 的中点,N 是 BC 的中点,AN 和 CM 相交于点 O,四边形 $AOCD$ 和正方形 $ABCD$ 的面积比是( ).

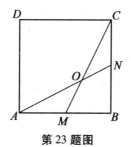

第23题图

(A)$\dfrac{5}{6}$　(B)$\dfrac{3}{4}$　(C)$\dfrac{2}{3}$　(D)$\dfrac{\sqrt{3}}{2}$　(E)$\dfrac{(\sqrt{3}-1)}{2}$

24. 在 $\triangle ABC$ 中,$\angle C=\theta$,$\angle B=2\theta$,其中 $0°<\theta<60°$. 圆心是 A 及半径是 AB 的圆与 AC 相交于点 D,并与 BC 相交(若需要可延长 BC)于点 $B,E(E$ 可与 B 重合),那么 $EC=AD$ 成立的条件是( ).

(A)没有 θ 的值可适合　(B)仅当 $\theta=45°$

(C)仅当 $0°<\theta\leqslant 45°$　(D)仅当 $45°\leqslant\theta<60°$

(E)对于所有满足 $0°<\theta<60°$ 的 θ 都适合

25. 有一位妇女,她的兄弟,她的儿子和她的女儿(所有的关系都是血统关系)都是棋手.最差的棋手的孪生者(也是四个棋手之一)和最好的棋手为异性,最差的棋手和最好的棋手为同年龄的,则最差的棋手是( ).

(A)这位妇女　(B)她的儿子　(C)她的兄弟

(D)她的女儿　(E)按已知条件无一致的解

26. 在锐角 $\triangle ABC$ 中,$\angle A$ 的平分线交边 BC 于点 D,圆心为 B 且半径为 BD 的圆交边 AB 于点 M,圆心为 C 且半径为 CD 的圆交边 AC 于点 N,那么始终正确的说法是( ).

(A) $\angle CND+\angle BMD-\angle DAC=120°$

(B) $AMDN$ 是梯形　(C) $BC\ /\!/\ MN$

(D) $AM-AN=\dfrac{3(DB-DC)}{2}$

(E) $AB-AC=\dfrac{3(DB-DC)}{2}$

27. 若 p,q 和 r 是 $x^3-x^2+x-2=0$ 的相异根,那么 $p^3+q^3+r^3$ 等于( ).

(A) -1　(B) 1　(C) 3　(D) 5　(E)这些都不对

第3章 1975年试题

28. 如下图所示,在△ABC中,M是BC边的中点,AB = 12,AC = 16. 点E和F分别在AC和AB上,直线EF和AM相交于点G. 若AE = 2AF,则$\dfrac{EG}{GF}$等于( ).

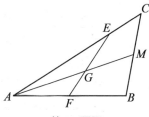

第28题图

(A)$\dfrac{3}{2}$　(B)$\dfrac{4}{3}$　(C)$\dfrac{5}{4}$　(D)$\dfrac{6}{5}$

(E)已知条件不足以解此题

29. 比$(\sqrt{3}+\sqrt{2})^6$大的最小整数是( ).
(A)972　(B)971　(C)970　(D)969
(E)968

30. 设$x = \cos 36° - \cos 72°$,则x等于( ).
(A)$\dfrac{1}{3}$　(B)$\dfrac{1}{2}$　(C)$3-\sqrt{6}$　(D)$2\sqrt{3}-3$
(E)这些都不对

2 第二部分 答案

1.（B） 2.（D） 3.（A） 4.（A） 5.（B） 6.（E）

7.（E） 8.（D） 9.（C） 10.（A） 11.（E）

12.（B） 13.（D） 14.（E） 15.（A） 16.（C）

17.（D） 18.（D） 19.（D） 20.（B） 21.（D）

22.（E） 23.（C） 24.（E） 25.（B） 26.（C）

27.（E） 28.（A） 29.（C） 30.（B）

1976 年试题

1 第一部分 试题

1. 若 1 减去 $1-x$ 的倒数等于 $1-x$ 的倒数,那么 x 等于( ).

   (A) -2 (B) -1 (C) $\dfrac{1}{2}$

   (D) 2   (E) 3

2. 有多少个实数 x 能使 $\sqrt{-(x+1)^2}$ 是一个实数?( ).

   (A) 无   (B) 1 个   (C) 2 个

   (D) 比 2 大的一个有限数

   (E) 无穷多

3. 从边长为 2 的正方形的一个顶点到该正方形各边中点的距离之和是( ).

   (A) $2\sqrt{5}$ (B) $2+\sqrt{3}$ (C) $2+2\sqrt{3}$

   (D) $2+\sqrt{5}$ (E) $2+2\sqrt{5}$

历届美国中学生数学竞赛试题及解答.第6卷,兼谈Cauchy函数方程:1973~1980

4. 设有一个 n 项的几何级数,首项是1,公比是 r,和是 s,其中 r 和 s 是非零数.原级数每一项都用它的倒数取代后所得到的新的几何级数的和是( ).

(A) $\dfrac{1}{s}$ (B) $\dfrac{1}{r^n s}$ (C) $\dfrac{s}{r^{n-1}}$ (D) $\dfrac{r^n}{s}$ (E) $\dfrac{r^{n-1}}{s}$

5. 有多少个大于10,小于100的整数,写成十进制时,它们的数字交换后,比原数增加9?( ).
(A) 0个 (B) 1个 (C) 8个 (D) 9个
(E) 10个

6. 若 c 是实数,并且 $x^2-3x+c=0$ 的一个解的相反数是 $x^2+3x-c=0$ 的一个解,那么 $x^2-3x+c=0$ 的解是( ).

(A) 1,2 (B) -1,-2 (C) 0,3 (D) 0,-3
(E) $\dfrac{3}{2},\dfrac{3}{2}$

7. 若 x 是实数,那么 $(1-|x|)(1+x)$ 是正数的充分必要条件是( ).

(A) $|x|<1$ (B) $x<1$ (C) $|x|>1$ (D) $x<-1$
(E) $x<-1$ 或 $-1<x<1$

8. 平面内一点,它的直角坐标都是绝对值小于或等于4的整数,任意选择,所有这样的点被选择的概率相等.从这个点到原点的距离至多是2个单位的概率是( ).

(A) $\dfrac{13}{81}$ (B) $\dfrac{15}{81}$ (C) $\dfrac{13}{64}$ (D) $\dfrac{\pi}{16}$

(E) 一个有理数的平方

9. 在 $\triangle ABC$ 中,D 是 AB 的中点,E 是 DB 的中点,F 是

第4章 1976年试题

BC 的中点. 若 $\triangle ABC$ 的面积是 96,那么 $\triangle AEF$ 的面积是( ).

(A)16　(B)24　(C)32　(D)36　(E)48

10. 若 m,n,p 和 q 是实数且 $f(x)=mx+n$,$g(x)=px+q$,那么方程 $f[g(x)]=g[f(x)]$ 有解的条件是( ).

(A) m,n,p 和 q 的所有一切选择

(B) 当且仅当 $m=p$ 且 $n=q$

(C) 当且仅当 $mq-np=0$

(D) 当且仅当 $n(1-p)-q(1-m)=0$

(E) 当且仅当 $(1-n)(1-p)-(1-q)(1-m)=0$

11. Ⅰ～Ⅳ中等价于命题:"如果在行星 α 上的粉红大象有紫色眼睛,那么在行星 β 上的野猪没有长鼻子"的命题是( ).

Ⅰ. "如果在行星 β 上的野猪有长鼻子,那么在行星 α 上的粉红大象有紫色眼睛."

Ⅱ. "如果在行星 α 上的粉红大象没有紫色眼睛,那么在行星 β 上的野猪没有长鼻子."

Ⅲ. "如果在行星 β 上的野猪有长鼻子,那么在行星 α 上的粉红大象没有紫色眼睛."

Ⅳ. "在行星 α 上的粉红大象没有紫色眼睛,或者在行星 β 上的野猪没有长鼻子."

(A)仅Ⅰ和Ⅲ　(B)仅Ⅲ和Ⅳ　(C)仅Ⅱ和Ⅳ

(D)仅Ⅱ和Ⅲ　(E)仅Ⅲ

(译者注:等价于是按形式逻辑定义的,两命题可同真同假,就称为等价.)

12. 某超级市场有128箱苹果,每箱至少120个,至多144个.装苹果个数相同的箱子称为一组,其中最大一组的箱子的个数为 n,则最小是( ).

(A)4　(B)5　(C)6　(D)24　(E)25

13. 若 x 头奶牛在 $x+2$ 天中得到 $x+1$ 桶奶,则 $x+3$ 头奶牛得到 $x+5$ 桶奶需要的天数是( ).

(A) $\dfrac{x(x+2)(x+5)}{(x+1)(x+3)}$　　(B) $\dfrac{x(x+1)(x+5)}{(x+2)(x+3)}$

(C) $\dfrac{(x+1)(x+3)(x+5)}{x(x+2)}$　　(D) $\dfrac{(x+1)(x+3)}{x(x+2)(x+5)}$

(E)这些都不对

14. 一个凸多边形的内角度数成算术级数.若最小的角是 $100°$,最大的角是 $140°$,那么多边形的边数是( ).

(A)6　(B)8　(C)10　(D)11　(E)12

15. 数 1 059,1 417 和 2 312 每个数各除以 d,若余数都是 r,其中 d 是大于1的整数,那么 $d-r$ 等于( ).

(A)1　(B)15　(C)179　(D) $d-15$　(E) $d-1$

16. 在 $\triangle ABC$ 和 $\triangle DEF$ 中,AC,BC,DF 和 EF 的长都相等,AB 的长是 $\triangle DEF$ 中从 F 到 DE 的高的2倍,则下列说法正确的是( ).

Ⅰ. $\angle ACB$ 和 $\angle DFE$ 必须互余;

Ⅱ. $\angle ACB$ 和 $\angle DFE$ 必须互补;

Ⅲ. $\triangle ABC$ 的面积必须和 $\triangle DEF$ 的面积相等;

Ⅳ. $\triangle ABC$ 的面积必须和 $\triangle DEF$ 的面积的两倍相等.

(A)仅Ⅱ　(B)仅Ⅲ　(C)仅Ⅳ　(D)仅Ⅰ和Ⅲ

(E)仅Ⅱ和Ⅲ

17. 若 θ 是一个锐角，$\sin 2\theta = a$，那么 $\sin\theta + \cos\theta$ 等于（　　）．

(A) $\sqrt{a+1}$　(B) $(\sqrt{2}-1)a+1$

(C) $\sqrt{a+1} - \sqrt{a^2-a}$　(D) $\sqrt{a+1} + \sqrt{a^2-a}$

(E) $\sqrt{a+1} + a^2 - a$

18. 在下图中，AB 与圆心为 O 的圆相切于点 A，点 D 在圆 O 内，DB 与圆 O 相交于点 C．若 $BC = DC = 3$，$OD = 2$，$AB = 6$，那么圆 O 的半径是（　　）．

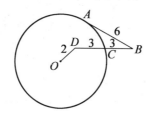

第18题图

(A) $3+\sqrt{3}$　(B) $\dfrac{15}{\pi}$　(C) $\dfrac{9}{2}$　(D) $2\sqrt{6}$　(E) $\sqrt{22}$

19. 一多项式 $p(x)$ 当它除以 $x-1$ 时有余数 3，当它除以 $x-3$ 时有余数 5，当 $p(x)$ 除以 $(x-1)(x-3)$ 时，余数是（　　）．

(A) $x-2$　(B) $x+2$　(C) 2　(D) 8　(E) 15

20. 设 a,b 和 x 是不等于 1 的正实数，那么，下式
$$4(\log_a x)^2 + 3(\log_b x)^2 = 8(\log_a x)(\log_b x)$$
成立的条件是（　　）．

(A) 对于 a,b 和 x 的一切值　(B) 当且仅当 $a = b^2$

(C) 当且仅当 $b = a^2$　(D) 当且仅当 $x = ab$

(E) 这些都不对

21. 能使乘积 $2^{\frac{1}{7}} 2^{\frac{3}{7}} \cdots 2^{\frac{2n+1}{7}} > 1\,000$ 的最小正奇整数 n 是(   ).

    (A)7   (B)9   (C)11   (D)17   (E)19

22. 已知一边长为 s 的等边三角形, P 是在该三角形所在平面上的点, 从 P 到三角形三顶点的距离的平方和是一个定值 a. 找出所有符合这样条件的点 P 的轨迹(   ).

    (A)若 $a > s^2$, 是一个圆

    (B)若 $a = 2s^2$, 只含有三点; 若 $a > 2s^2$, 是一个圆

    (C)只有当 $s^2 < a < 2s^2$ 时, 是一个有正半径的圆

    (D)对于 a 的任何值, 只含有有限个数的点

    (E)这些都不是

23. 对于整数 k 和 n, 其中 $1 \leqslant k < n$, 设 $C_k^n = \dfrac{n!}{k!\,(n-k)!}$, 那么 $\left(\dfrac{n-2k-1}{k+1}\right) C_k^n$ 是一个整数的条件是(   ).

    (A)对所有 k 和 n

    (B)对 k 和 n 的所有偶值, 但不是对所有 k 和 n

    (C)对 k 和 n 的所有奇值, 但不是对所有 k 和 n

    (D)若 $k = 1$ 或 $n - 1$ 时, 但不是 k 和 n 的所有奇值

    (E)若 n 可被 k 整除, 但不是对 k 和 n 的所有偶值

24. 在下图中, 圆 K 的直径是 AB, 圆 L 与圆 K 相切并与直径 AB 相切于圆 K 的圆心, 圆 M 与圆 K, 圆 L 和直径 AB 都相切, 则圆 K 的面积与圆 M 的面积之比是(   ).

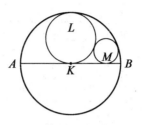

第24题图

(A)12 (B)14 (C)16 (D)18 (E)不是整数

25. 对数列 $u_1, u_2, \cdots$, 定义 $\triangle^1(u_n) = u_{n+1} - u_n$, 并对所有整数 $k > 1$, 定义 $\triangle^k(u_n) = \triangle^1[\triangle^{k-1}(u_n)]$. 若 $u_n = n^3 + n$, 那么对所有 n, $\triangle^k(u_n) = 0$ 的条件是
( ).

(A)当 $k = 1$ (B)当 $k = 2$, 但不当 $k = 1$

(C)当 $k = 3$, 但不当 $k = 2$

(D)当 $k = 4$, 但不当 $k = 3$

(E)对 k 无值适合

26. 在下图中, 圆 O' 的每一点都在圆 O 外. 设 P 和 Q 是一条内公切线和两条外公切线的交点, 那么 PQ 的长是( ).

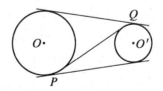

第26题图

(A)内公切线长和外公切线长的平均数

(B)当且仅当圆 O 和圆 O' 有相等的半径时, 等于一条外公切线的长

(C)永远等于一条外公切线的长

(D)大于一条外公切线的长

(E)内公切线和外公切线长的几何平均

27. 若 $N = \dfrac{\sqrt{\sqrt{5}+2}+\sqrt{\sqrt{5}-2}}{\sqrt{\sqrt{5}+1}} - \sqrt{3-2\sqrt{2}}$，则 $N=(\quad)$.

(A)1　(B)$2\sqrt{2}-1$　(C)$\dfrac{\sqrt{5}}{2}$　(D)$\sqrt{\dfrac{5}{2}}$

(E)这些都不对

28. 直线 $l_1,l_2,\cdots,l_{100}$ 是不同的, 所有的直线 l_{4n} 是互相平行的(n 是正整数), 所有的直线 l_{4n-3} 过一已知点 A(n 是正整数), 则整个集合 $\{l_1,l_2,\cdots,l_{100}\}$ 中直线交点数目的极大值是(　　).

(A)4 350　(B)4 351　(C)4 900　(D)4 901

(E)9 851

29. Ann 和 Barbara 比较他们的年龄, 发现 Barbara 和 Ann 以前某年的年龄一样大, 在以前某年中 Barbara 和 Ann 再以前某年的年龄一样大, 在再以前某年中, Barbara 是 Ann 今年年龄的一半大. 若他们现在年龄之和是 44 岁, 那么 Ann 现在的年龄是(　　).

(A)22　(B)24　(C)25　(D)26　(E)28

30. 有多少组相异的有序三重数组 (x,y,z) 满足方程
$$\begin{cases} x+2y+4z=12 \\ xy+4yz+2xz=22 \\ xyz=6 \end{cases} ? (\quad).$$

(A)无　(B)1组　(C)2组　(D)4组　(E)6组

2 第二部分 答案

1.（B） 2.（B） 3.（E） 4.（C） 5.（C） 6.（C）
7.（E） 8.（A） 9.（D） 10.（D） 11.（B）
12.（C） 13.（A） 14.（A） 15.（B） 16.（E）
17.（A） 18.（E） 19.（B） 20.（E） 21.（B）
22.（A） 23.（A） 24.（C） 25.（D） 26.（C）
27.（A） 28.（B） 29.（B） 30.（E）

1977年试题

第5章

1 第一部分 试题

1. 若 $y=2x, z=2y$,那么 $x+y+z$ 等于( ).
   (A)x (B)$3x$ (C)$5x$ (D)$7x$ (E)$9x$

2. 下列说法中哪一个是不成立的? 所有的等边三角形是( ).
   (A)等角的   (B)等腰的
   (C)正多边形 (D)互相全等
   (E)互相相似

3. 一个人有1分,5分,0.1元,0.25元和0.5元的硬币2.73元.若他每一种硬币的数目相同,那么他所有硬币的总数是( ).
   (A)3 (B)5 (C)9 (D)10 (E)15

4. 在△ABC 中，AB = AC，∠A = 80°．若点 D，E 和 F 分别在 BC，AC 和 AB 边上，并且 CE = CD，BF = BD，那么∠EDF 等于( )．

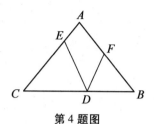

第 4 题图

(A)30°　(B)40°　(C)50°　(D)65°

(E)这些都不对

5. 从点 P 到两个固定点 A 和 B 的距离(不计方向的)之和等于点 A 和点 B 之间的距离，则所有这样的点 P 的集合是( )．

(A)从点 A 到点 B 的线段

(B)过点 A 和点 B 的直线

(C)从点 A 到点 B 的线段的垂直平分线

(D)一个有正面积的椭圆

(E)一条抛物线

6. 若 x, y 和 $2x + \dfrac{y}{2}$ 是非零数，那么

$$\left(2x + \frac{y}{2}\right)^{-1}\left[(2x)^{-1} + \left(\frac{y}{2}\right)^{-1}\right]$$

等于( )．

(A)1　(B)xy^{-1}　(C)$x^{-1}y$　(D)$(xy)^{-1}$

(E)这些都不对

7. 若 $t = \dfrac{1}{1-\sqrt[4]{2}}$，那么 t 等于(　　).

(A) $(1-\sqrt[4]{2})(2-\sqrt{2})$　　(B) $(1-\sqrt[4]{2})(1+\sqrt{2})$

(C) $(1+\sqrt[4]{2})(1-\sqrt{2})$　　(D) $(1+\sqrt[4]{2})(1+\sqrt{2})$

(E) $-(1+\sqrt[4]{2})(1+\sqrt{2})$

8. 非零实数的每一个三重组 (a,b,c) 构成一个数

$$\dfrac{a}{|a|}+\dfrac{b}{|b|}+\dfrac{c}{|c|}+\dfrac{abc}{|abc|}$$

如此构成的所有数的集合是(　　).

(A) $\{0\}$　　(B) $\{-4,0,4\}$　　(C) $\{-4,-2,0,2,4\}$

(D) $\{-4,-2,2,4\}$　　　　(E) 这些都不对

9. 在下图中，$\angle E = 40°$，$\overparen{AB}$，$\overparen{BC}$ 和 $\overparen{CD}$ 的长都相等，则 $\angle ACD$ 的度数为(　　).

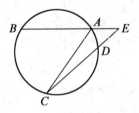

第 9 题图

(A) $10°$　(B) $15°$　(C) $20°$　(D) $\left(\dfrac{45}{2}\right)°$　(E) $30°$

10. 若 $(3x-1)^7 = a_7 x^7 + a_6 x^6 + \cdots + a_0$，那么 $a_7 + a_6 + \cdots + a_0$ 等于(　　).

(A) 0　(B) 1　(C) 64　(D) -64　(E) 128

11. 对于每一个实数 x，设 $[x]$ 是不超过 x 的最大整数 (就是整数 n 使 $n \leqslant x < n+1$).

第5章 1977年试题

下列说法中正确的是(   ).

Ⅰ. $[x+1]=[x]+1$, 对所有 x;

Ⅱ. $[x+y]=[x]+[y]$, 对所有 x 和 y;

Ⅲ. $[xy]=[x][y]$, 对所有 x 和 y.

(A)无　(B)仅Ⅰ　(C)仅Ⅰ和Ⅱ　(D)仅Ⅲ

(E)全部

12. Al 的年龄比 Bob 和 Carl 的年龄之和大 16, Al 年龄的平方比 Bob 和 Carl 的年龄之和的平方大 1 632, 则 Al, Bob 和 Carl 的年龄之和是(   ).

(A)64　(B)94　(C)96　(D)102　(E)140

13. 若 $a_1, a_2, a_3, \cdots$ 是一个正数数列并对所有正整数 n 满足 $a_{n+2}=a_n a_{n+1}$, 那么数列 $a_1, a_2, a_3, \cdots$ 是一个等比数列的条件是(   ).

(A)对所有 a_1 和 a_2 的正值

(B)当且仅当 $a_1=a_2$

(C)当且仅当 $a_1=1$

(D)当且仅当 $a_2=1$

(E)当且仅当 $a_1=a_2=1$

14. 满足方程 $m+n-mn$ 的整数 (m,n) 的对数是(   ).

(A)1 对　(B)2 对　(C)3 对　(D)4 对

(E)大于 4 对

15. 在下图中,三个圆中的每一个圆都外切于其他两个圆,并且三角形的每一边与三个圆中的两个相切. 若每个圆的半径是 3, 那么三角形的周长是(   ).

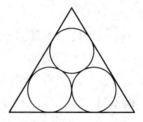

第15题图

(A) $36+9\sqrt{2}$ (B) $36+6\sqrt{3}$ (C) $36+9\sqrt{3}$

(D) $18+18\sqrt{3}$ (E) 45

16. 若 $i^2=-1$，那么和 $\cos 45°+i\cos 135°+\cdots+i^n\cos(45+90n)°+\cdots+i^{40}\cos 3645°$ 等于( ).

(A) $\dfrac{\sqrt{2}}{2}$ (B) $-10\sqrt{2}i$ (C) $\dfrac{21\sqrt{2}}{2}$

(D) $\dfrac{\sqrt{2}}{2}(21-20i)$ (E) $\dfrac{\sqrt{2}}{2}(21+20i)$

17. 任意掷三个骰子（这就是说所有的面向上的概率相同），三个朝上的数能排成公差为1的等差数列的概率是( ).

(A) $\dfrac{1}{6}$ (B) $\dfrac{1}{9}$ (C) $\dfrac{1}{27}$ (D) $\dfrac{1}{54}$ (E) $\dfrac{7}{36}$

18. 若 $y=(\log_2 3)(\log_3 4)\cdots[\log_n(n+1)]\cdots(\log_{31} 32)$，那么( ).

(A) $4<y<5$ (B) $y=5$ (C) $5<y<6$

(D) $y=6$ (E) $6<y<7$

19. 设 E 是凸四边形 $ABCD$ 对角线的交点，又设 P,Q,R 和 S 分别是 $\triangle ABE$，$\triangle BCE$，$\triangle CDE$ 和 $\triangle ADE$ 外接圆的圆心，那么( ).

(A) $PQRS$ 是平行四边形

(B) $PQRS$ 是平行四边形当且仅当 $ABCD$ 是菱形

(C) $PQRS$ 是平行四边形当且仅当 $ABCD$ 是矩形

(D) $PQRS$ 是平行四边形当且仅当 $ABCD$ 是平行四边形

(E) 以上没有一个是正确的

20. 在下图中,用水平的线段与"/"线或垂直的线段联结相邻的字母,循这些线段行走时正好拼出单词 CONTEST 的路线有( ).

```
            C
           C O C
          C O N O C
         C O N T N O C
        C O N T E T N O C
       C O N T E S E T N O C
      C O N T E S T S E T N O C
```

第20题图

(A) 63 个 (B) 128 个 (C) 129 个 (D) 255 个

(E) 这些都不对

(译者注:CONTEST 是英语"竞赛"一词.)

21. 若方程 $x^2+ax+1=0$ 与 $x^2-x-a=0$ 有一公共实数解,则系数 a 的值可有( ).

(A) 0 个 (B) 1 个 (C) 2 个 (D) 3 个

(E) 无穷多

22. 若 $f(x)$ 是实变量 x 的实值函数,且 $f(x)$ 不恒等于零,又对于所有的 a 和 b,

$$f(a+b)+f(a-b)=2f(a)+2f(b)$$

那么对于一切 x 和 y( ).

(A) $f(0)=1$ (B) $f(-x)=-f(x)$

(C) $f(-x)=f(x)$ (D) $f(x+y)=f(x)+f(y)$

(E)有一个正数 T 满足 $f(x+T)=f(x)$

23. 若方程 $x^2+px+q=0$ 的解是方程 $x^2+mx+n=0$ 的解的立方,那么( ).

(A) $p=m^3+3mn$ (B) $p=m^3-3mn$

(C) $p+q=m^3$ (D) $\left(\dfrac{m}{n}\right)^3=\dfrac{p}{q}$

(E)这些都不对

24. 求和 $\dfrac{1}{1\times 3}+\dfrac{1}{3\times 5}+\cdots+\dfrac{1}{(2n-1)(2n+1)}+\cdots+\dfrac{1}{255\times 257}$ 等于( ).

(A) $\dfrac{127}{255}$ (B) $\dfrac{128}{255}$ (C) $\dfrac{1}{2}$ (D) $\dfrac{128}{257}$ (E) $\dfrac{129}{257}$

25. 确定 $1\,005!$ 可被 10^n 整除最大的正整数 n 为( ).

(A) 102   (B) 112   (C) 249   (D) 502

(E)这些都不对

26. 设 a,b,c 和 d 分别是四边形 $MNPQ$ 的边 MN,NP,PQ 和 QM 的边长. 若 A 是 $MNPQ$ 的面积,那么( ).

(A)当且仅当 $MNPQ$ 是凸四边形时

$$A=\frac{a+c}{2}\cdot\frac{b+d}{2}$$

(B)当且仅当 $MNPQ$ 是矩形时

$$A=\frac{a+c}{2}\cdot\frac{b+d}{2}$$

(C)当且仅当 $MNPQ$ 是矩形时

$$A\leqslant\frac{a+c}{2}\cdot\frac{b+d}{2}$$

(D)当且仅当 $MNPQ$ 是平行四边形时

$$A\leqslant\frac{a+c}{2}\cdot\frac{b+d}{2}$$

(E)当且仅当 MNPQ 是平行四边形时
$$A \geqslant \frac{a+c}{2} \cdot \frac{b+d}{2}$$

27. 在长方形房间的两个角落里放有两个不同大小的圆球,每一个球与两垛墙壁及地板接触. 若在两个球上各有一点,从两垛墙(与这个球有接触的墙)到该点的距离是 5 英寸,从地板到该点是 10 英寸,那么两个球的直径之和是( ).

    (A)20 英寸 (B)30 英寸 (C)40 英寸
    (D)60 英寸 (E)按已知条件无确定的值

28. 设 $g(x) = x^5 + x^4 + x^3 + x^2 + x + 1$,当多项式 $g(x^{12})$ 除以多项式 $g(x)$ 时,余数是( ).

    (A)6 (B)$5-x$ (C)$4-x+x^2$
    (D)$3-x+x^2-x^3$ (E)$2-x+x^2-x^3+x^4$

29. 对于一切实数 x, y 和 z,满足
    $$(x^2+y^2+z^2)^2 \leqslant n(x^4+y^4+z^4)$$
    的最小整数 n 为( ).

    (A)2 (B)3 (C)4 (D)6 (E)无此整数 n

30. 如下图,若 a, b 和 d 分别是正九边形的边长、最短对角线和最长对角线,那么( ).

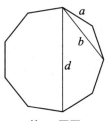

第 30 题图

(A)$d = a + b$　　　　(B)$d^2 = a^2 + b^2$

(C) $d^2 = a^2 + ab + b^2$ (D) $b = \dfrac{a+d}{2}$

(E) $b^2 = ad$

2 第二部分 答案

1.(D) 2.(D) 3.(E) 4.(C) 5.(A) 6.(D)
7.(E) 8.(B) 9.(B) 10.(E) 11.(B)
12.(D) 13.(E) 14.(B) 15.(D) 16.(D)
17.(B) 18.(B) 19.(A) 20.(E) 21.(B)
22.(C) 23.(B) 24.(D) 25.(E) 26.(B)
27.(C) 28.(A) 29.(B) 30.(A)

1978 年试题

第 6 章

1 第一部分 试题

1. 若 $1 - \dfrac{4}{x} + \dfrac{4}{x^2} = 0$,那么 $\dfrac{2}{x}$ 等于( ).

   (A) -1 (B) 1 (C) 2 (D) -1 或 2

   (E) -1 或 -2

2. 若圆周长的倒数的 4 倍等于该圆的直径,那么该圆的面积是( ).

   (A) $\dfrac{1}{\pi^2}$ (B) $\dfrac{1}{\pi}$ (C) 1 (D) π

   (E) π^2

3. 对于一切非零数 x 和 y 满足 $x = \dfrac{1}{y}$,则 $\left(x - \dfrac{1}{x}\right)\left(y + \dfrac{1}{y}\right)$ 等于( ).

   (A) $2x^2$ (B) $2y^2$ (C) $x^2 + y^2$

   (D) $x^2 - y^2$ (E) $y^2 - x^2$

历届美国中学生数学竞赛试题及解答.第6卷,兼谈Cauchy函数方程:1973～1980

4. 若 $a=1, b=10, c=100$ 和 $d=1\,000$,那么 $(a+b+c-d)+(a+b-c+d)+(a-b+c+d)+(-a+b+c+d)$ 等于( ).

(A)1 111 　(B)2 222 　(C)3 333 　(D)1 212
(E)4 242

5. 四个孩子买一条60美元的小船.第一个孩子付的钱是其他孩子付的总数的 $\frac{1}{2}$,第二个孩子付的钱是其他孩子付的总数的 $\frac{1}{3}$,第三个孩子付的钱是其他孩子付的总数的 $\frac{1}{4}$,则第四个孩子付( ).

(A)10 美元　(B)12 美元　(C)13 美元
(D)14 美元　(E)15 美元

6. 满足下列两个方程
$$x = x^2 + y^2, \quad y = 2xy$$
的相异实数对 (x, y) 的数目是( ).

(A)0 对　(B)1 对　(C)2 对　(D)3 对　(E)4 对

7. 正六边形的两条对边相距12英寸,则每边长是(用英寸表示)( ).

(A)7.5 英寸　(B)$6\sqrt{2}$ 英寸　(C)$5\sqrt{2}$ 英寸
(D)$\frac{9}{2}\sqrt{3}$ 英寸　(E)$4\sqrt{3}$ 英寸

8. 若 $x \neq y$,并且两个数列 x, a_1, a_2, y 和 x, b_1, b_2, b_3, y 各自都成等差数列,那么 $\frac{a_2 - a_1}{b_2 - b_1}$ 等于( ).

(A)$\frac{2}{3}$　(B)$\frac{3}{4}$　(C)1　(D)$\frac{4}{3}$　(E)$\frac{3}{2}$

9. 若 $x<0$,那么 $|x-\sqrt{(x-1)^2}|$ 等于( ).

   (A)1 (B)$1-2x$ (C)$-2x-1$ (D)$1+2x$

   (E)$2x-1$

10. 若 B 是圆心为 P 的圆 C 上的一点,A 是圆 C 所在平面内的点,那么 A 和 B 之间的距离小于或等于点 A 与圆 C 上任何其他点之间的距离的所有点 A 所成的集合是( ).

    (A)从 P 到 B 的线段

    (B)从 P 开始经过 B 的射线

    (C)以 B 作起点的一条射线

    (D)圆心是 P 的一个圆

    (E)圆心是 B 的一个圆

11. 若 r 是正数,并且方程为 $x+y=r$ 的一条直线与方程为 $x^2+y^2=r$ 的圆相切,那么 r 等于( ).

    (A)$\frac{1}{2}$ (B)1 (C)2 (D)$\sqrt{2}$ (E)$2\sqrt{2}$

12. 在 $\triangle ADE$ 中,$\angle ADE=140°$,点 B 和点 C 分别在边 AD 和边 AE 上.若 AB,BC,CD 和 DE 的长都相等,那么 $\angle EAD$ 的度数是( ).

    (A)$5°$ (B)$6°$ (C)$7.5°$ (D)$8°$ (E)$10°$

13. 若 a,b,c 和 d 是非零数,c 和 d 是 $x^2+ax+b=0$ 的解,a 和 b 是 $x^2+cx+d=0$ 的解,那么 $a+b+c+d$ 等于( ).

    (A)0 (B)-2 (C)2 (D)4 (E)$\frac{-1+\sqrt{5}}{2}$

14. 若一个比 8 大的整数 n 是方程 $x^2-ax+b=0$ 的

解,并且在 n 进位制中 a 表示的是 18,那么 b 的 n 进位表示(   ).

(A)18　(B)28　(C)80　(D)81　(E)280

15. 若 $\sin x + \cos x = \dfrac{1}{5}$,且 $0 \leqslant x < \pi$,那么 $\tan x$ 是(   ).

(A) $-\dfrac{4}{3}$　(B) $-\dfrac{3}{4}$　(C) $\dfrac{3}{4}$　(D) $\dfrac{4}{3}$

(E)按已知条件不能完全确定

16. 在一间房间里有 n 个人,$n > 3$,至少有一人没有与房间里每人握手,则房间里可能与每人握手的人的极大值是(   ).

(A)0　(B)1　(C)$n-1$　(D)n

(E)这些都不对

17. 若 k 是正数,并且对于每个正数 x,函数 f 满足
$$[f(x^2+1)]^{\sqrt{x}} = k$$
那么对于每个正数 y,$\left[f\left(\dfrac{9+y^2}{y^2}\right)\right]^{\sqrt{\frac{12}{y}}}$ 等于(   ).

(A)$\sqrt{k}$　(B)$2k$　(C)$k\sqrt{k}$　(D)k^2　(E)$y\sqrt{k}$

18. 满足 $\sqrt{n} - \sqrt{n-1} < 0.01$ 的最小正整数 n 是(   ).

(A)2 499　(B)2 500　(C)2 501　(D)10 000

(E)没有这样的整数

19. 用这样一种方法来选择不超过 100 的正整数 n,若 $n \leqslant 50$,那么选择 n 的概率是 p;若 $n > 50$,那么选择 n 的概率是 $3p$,则选择一个完全平方的概率是(   ).

(A)0.05 (B)0.065 (C)0.08 (D)0.09
(E)0.1

20. 若 a,b,c 是非零实数,满足

$$\frac{a+b-c}{c}=\frac{a-b+c}{b}=\frac{-a+b+c}{a}$$

及 $$x=\frac{(a+b)(b+c)(c+a)}{abc}$$

且 $x<0$,那么 x 等于(   ).

(A)-1 (B)-2 (C)-4 (D)-6 (E)-8

21. 对于一切不等于 1 的正数 x

$$\frac{1}{\log_3 x}+\frac{1}{\log_4 x}+\frac{1}{\log_5 x}$$

等于(   ).

(A)$\dfrac{1}{\log_{60} x}$

(B)$\dfrac{1}{\log_x 60}$

(C)$\dfrac{1}{\log_3 x \cdot \log_4 x \cdot \log_5 x}$

(D)$\dfrac{12}{\log_3 x + \log_4 x + \log_5 x}$

(E)$\dfrac{\log_2 x}{\log_3 x \cdot \log_5 x}+\dfrac{\log_3 x}{\log_2 x \cdot \log_5 x}+\dfrac{\log_5 x}{\log_2 x \cdot \log_3 x}$

22. 在卡上有下列四个命题,并且这四个:

| 在这张卡上恰有一个命题是不真的. |
| 在这张卡上恰有二个命题是不真的. |
| 在这张卡上恰有三个命题是不真的. |
| 在这张卡上恰有四个命题是不真的. |

(假设卡上的每一个命题或者是真的或者是不真的)
则在它们中间,不真命题的数目恰好是( ).

(A)0个 (B)1个 (C)2个 (D)3个
(E)4个

23. 等边 $\triangle ABE$ 的顶点 E 在正方形 $ABCD$ 内,F 是对角线 BD 和线段 AE 的交点. 若 AB 长 $\sqrt{1+\sqrt{3}}$,那么 $\triangle ABF$ 的面积是( ).

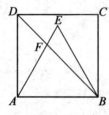

第23题图

(A)1 (B)$\frac{\sqrt{2}}{2}$ (C)$\frac{\sqrt{3}}{2}$ (D)$4-2\sqrt{3}$

(E)$\frac{1}{2}+\frac{\sqrt{3}}{4}$

24. 若相异非零数 $x(y-z),y(z-x),z(x-y)$ 构成公比是 r 的几何级数,那么 r 满足方程( ).

(A)$r^2+r+1=0$

(B)$r^2-r+1=0$

(C)$r^4+r^2-1=0$

(D)$(r+1)^4+r=0$

(E)$(r-1)^4+r=0$

25. 设 a 是正数,考虑点集 S,且点集 S 的点的直角坐

标 (x,y) 满足下列所有五个条件:

(Ⅰ) $\dfrac{a}{2} \leq x \leq 2a$; （Ⅱ） $\dfrac{a}{2} \leq y \leq 2a$;

(Ⅲ) $x+y \geq a$; （Ⅳ） $x+a \geq y$;

(Ⅴ) $y+a \geq x$.

S 集的边界表示的多边形的边数为( ).

(A)3 边 (B)4 边 (C)5 边 (D)6 边
(E)7 边

26. 在 $\triangle ABC$ 中,$AB=10$,$AC=8$,$BC=6$. 圆 P 是过点 C 的最小的圆,并与 AB 相切. 设 Q,R 分别是圆 P 与 AC,BC 边的交点(与点 C 不重合),则线段 QR 的长是( ).

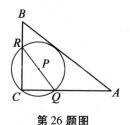

第26题图

(A)4.75 (B)4.8 (C)5 (D)$4\sqrt{2}$ (E)$3\sqrt{3}$

27. 有不止一个大于1的正整数,当它除以任何整数 k ($2 \leq k \leq 11$)时有余数1,则两个最小的这样的整数之差是( ).

(A)2 310 (B)2 311 (C)27 720 (D)27 721
(E)这些都不是

28. 若 $\triangle A_1A_2A_3$ 是等边三角形,A_{n+3} 是线段 A_nA_{n+1} 的中点,n 是一切正整数,那么 $\angle A_{44}A_{45}A_{43}$ 的度数等

于( ).

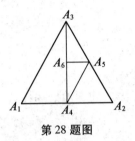

第28题图

(A)30°　(B)45°　(C)60°　(D)90°　(E)120°

29. 已知凸四边形 $ABCD$, 分别过点 B,C,D 和点 A 延长边 AB,BC,CD 和 DA 到点 B',C',D' 和点 A', 同时 $AB=BB'=6, BC=CC'=7, CD=DD'=8$ 和 $DA=AA'=9$, $ABCD$ 的面积是 10, 则 $A'B'C'D'$ 的面积是 ( ).

(A)20　(B)40　(C)45　(D)50　(E)60

30. 在一次网球比赛中, n 个女子和 $2n$ 个男子打, 并且每个选手与其他选手恰恰各比赛一次. 若没有平局, 并且女子赢的局数与男子赢的局数之比是 $\frac{7}{5}$, 那么 n 等于( ).

(A)2　　(B)4　　(C)6　　(D)7

(E)这些都不对

第6章 1978年试题

2 第二部分 答案

1.（B） 2.（C） 3.（D） 4.（B） 5.（C） 6.（E）

7.（E） 8.（D） 9.（B） 10.（B） 11.（C）

12.（E） 13.（B） 14.（C） 15.（A） 16.（E）

17.（D） 18.（C） 19.（C） 20.（A） 21.（A）

22.（D） 23.（C） 24.（A） 25.（D） 26.（B）

27.（C） 28.（E） 29.（D） 30.（E）

1979 年试题

1 第一部分 试题

1. 若长方形 ABCD 的面积是 72 平方米，E 和 G 分别是边 AD 和 CD 的中点，那么长方形 DEFG 的面积是(以平方米为单位)( ).

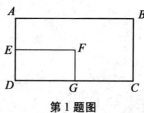

第1题图

(A) 8 (B) 9 (C) 12 (D) 18 (E) 24

2. 对于一切非零实数 x 和 y，如果 $x - y = xy$，那么 $\dfrac{1}{x} - \dfrac{1}{y}$ 等于( ).

(A) $\dfrac{1}{xy}$ (B) $\dfrac{1}{x-y}$ (C) 0 (D) -1

(E) $y - x$

3. 在下图中,$ABCD$ 是正方形,$\triangle ABE$ 是等边三角形且点 E 在正方形 $ABCD$ 之外,则 $\angle AED$ 的度数是( ).

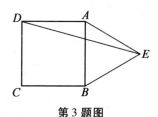

第3题图

(A)$10°$ (B)$12.5°$ (C)$15°$ (D)$20°$ (E)$25°$

4. 对于所有实数 x,$x\{x[x(2-x)-4]+10\}+1=$( ).

(A) $-x^4+2x^3+4x^2+10x+1$

(B) $-x^4-2x^3+4x^2+10x+1$

(C) $-x^4-2x^3-4x^2+10x+1$

(D) $-x^4-2x^3-4x^2-10x+1$

(E) $-x^4+2x^3-4x^2+10x+1$

5. 在以十进位表示的数中,找出个位数和百位数互换时,该数不变的最大的偶三位数,则这个偶三位数的数字之和是( ).

(A)22 (B)23 (C)24 (D)25 (E)26

6. $\dfrac{3}{2}+\dfrac{5}{4}+\dfrac{9}{8}+\dfrac{17}{16}+\dfrac{33}{32}+\dfrac{65}{64}-7=$( ).

(A) $-\dfrac{1}{64}$ (B) $-\dfrac{1}{16}$ (C)0 (D) $\dfrac{1}{16}$ (E) $\dfrac{1}{64}$

7. 一个整数的平方称为完全平方.若 x 是一个完全平方,那么它的下一个完全平方是( ).

(A)$x+1$ (B)x^2+1 (C)x^2+2x+1 (D)x^2+x

(E) $x+2\sqrt{x}+1$

8. 由曲线 $y=|x|$ 和 $x^2+y^2=4$ 所围成的最小区域的面积是( ).

(A) $\dfrac{\pi}{4}$ (B) $\dfrac{3\pi}{4}$ (C) π (D) $\dfrac{3\pi}{2}$ (E) 2π

9. $\sqrt[3]{4}$ 与 $\sqrt[4]{8}$ 的乘积等于( ).

(A) $\sqrt[7]{12}$ (B) $2\sqrt[7]{12}$ (C) $\sqrt[7]{32}$ (D) $\sqrt[13]{32}$
(E) $2\sqrt[12]{32}$

10. 若 $P_1P_2P_3P_4P_5P_6$ 是一个正六边形,它的边心距(从圆心到一边中点的距离)是 2,且 Q_i 是边 P_iP_{i+1} 的中点,其中 $i=1,2,3,4$,那么四边形 $Q_1Q_2Q_3Q_4$ 的面积是( ).

(A) 6 (B) $2\sqrt{6}$ (C) $\dfrac{8\sqrt{3}}{3}$ (D) $3\sqrt{3}$ (E) $4\sqrt{3}$

11. 方程 $\dfrac{1+3+5+\cdots+(2n-1)}{2+4+6+\cdots+2n}=\dfrac{115}{116}$ 的正整数解为( ).

(A) 110 (B) 115 (C) 116 (D) 231
(E) 该方程无正整数解

12. 在下图中,CD 是以 O 为圆心的半圆的直径,点 A 在过点 O 的 DC 的延长线上,点 E 在半圆周上,点 B 是线段 AE 与半圆周的交点(与点 E 不重合). 若 AB 的长等于 OD 的长,$\angle EOD$ 是 $45°$,那么 $\angle BAO$ 等于( ).

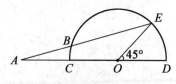

第12题图

第7章 1979年试题

(A) 10° (B) 15° (C) 20° (D) 25° (E) 30°

13. 不等式 $y-x<\sqrt{x^2}$ 可被满足并且仅仅满足(亦即同解于)( ).

(A) $y<0$ 或 $y<2x$ (或两个不等式都成立)

(B) $y>0$ 或 $y<2x$ (或两个不等式都成立)

(C) $y^2<2xy$ (D) $y<0$

(E) $x>0$ 与 $y<2x$

14. 有某个数列,它的第一项是1,对于所有的 $n \geq 2$,此数列的前 n 项的乘积是 n^2,则这个数列的第三项及第五项的和是( ).

(A) $\dfrac{25}{9}$ (B) $\dfrac{31}{15}$ (C) $\dfrac{61}{16}$ (D) $\dfrac{576}{225}$ (E) 34

15. 两个相同的瓶子装满酒精溶液. 在一个瓶子中酒精与水的容积之比是 $p:1$,而在另一个瓶子中是 $q:1$. 若把两瓶溶液混合在一起,则混合液中的酒精与水的容积之比是( ).

(A) $\dfrac{p+q}{2}$ (B) $\dfrac{p^2+q^2}{p+q}$ (C) $\dfrac{2pq}{p+q}$

(D) $\dfrac{2(p^2+pq+q^2)}{3(p+q)}$ (E) $\dfrac{p+q+2pq}{p+q+2}$

16. 一个面积是 A_1 的圆包含在一个面积为 A_1+A_2 的大圆内. 若大圆的半径是3,且 A_1, A_2, A_1+A_2 是一个算术级数,那么小圆的半径是( ).

(A) $\dfrac{\sqrt{3}}{2}$ (B) 1 (C) $\dfrac{2}{\sqrt{3}}$ (D) $\dfrac{3}{2}$ (E) $\sqrt{3}$

17. 点 A, B, C, D 按所给次序位于一条直线上且没有重合点. 线段 AB, AC 和 AD 的长分别为 x, y 和 z. 若线

段 AB, CD 可以分别围绕点 B, C 旋转,直到点 A 和点 D 重合,形成一个有确定面积的三角形,那么以下三个不等式中必须被满足的是( ).

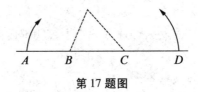

第17题图

Ⅰ. $x < \dfrac{z}{2}$; Ⅱ. $y < x + \dfrac{z}{2}$; Ⅲ. $y < \dfrac{z}{2}$.

(A)仅Ⅰ (B)仅Ⅱ (C)仅Ⅰ与Ⅱ
(D)仅Ⅱ与Ⅲ (E)Ⅰ,Ⅱ与Ⅲ

18. 精确到千分之一位,$\lg 2$ 是 0.301,$\lg 3$ 是 0.477. 下列各数是 $\log_5 10$ 的最好近似值的是( ).

(A)$\dfrac{8}{7}$ (B)$\dfrac{9}{7}$ (C)$\dfrac{10}{7}$ (D)$\dfrac{11}{7}$ (E)$\dfrac{12}{7}$

19. 找出满足方程 $x^{256} - 256^{32} = 0$ 的所有实数的平方和为( ).

(A)8 (B)128 (C)512 (D)65 536
(E)2×256^{32}

20. 若 $a = \dfrac{1}{2}$,$(a+1)(b+1) = 2$,那么 $\arctan a + \arctan b$ 等于( ).

(A)$\dfrac{\pi}{2}$ (B)$\dfrac{\pi}{3}$ (C)$\dfrac{\pi}{4}$ (D)$\dfrac{\pi}{5}$ (E)$\dfrac{\pi}{6}$

21. 一直角三角形的斜边长为 h,内切圆的半径是 r,则内切圆面积与三角形面积之比是( ).

$(A)\dfrac{\pi r}{h+2r}$ $(B)\dfrac{\pi r}{h+r}$ $(C)\dfrac{\pi r}{2h+r}$ $(D)\dfrac{\pi r^2}{h^2+r^2}$

(E)这些都不对

22. 找出满足方程 $m^3+6m^2+5m=27n^3+9n^2+9n+1$ 的整数对 (m,n) 的数目为( ).

(A)0 (B)1 (C)3 (D)9 (E)无穷多

23. 以 A,B,C,D 为顶点的正四面体的每条棱长是1,点 P 在棱 AB 上,点 Q 在棱 CD 上,找出在点 P 和点 Q 之间的最短的可能距离是( ).

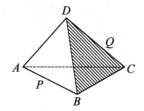

第23题图

$(A)\dfrac{1}{2}$ $(B)\dfrac{3}{4}$ $(C)\dfrac{\sqrt{2}}{2}$ $(D)\dfrac{\sqrt{3}}{2}$ $(E)\dfrac{\sqrt{3}}{3}$

24. (简单的即对边不相交的)四边形 $ABCD$ 的边 AB,BC 和 CD 的长分别为4,5和20.若顶角 B 和 C 是钝角,且 $\sin C=-\cos B=\dfrac{3}{5}$,那么边 AD 的长是( ).

(A)24 (B)24.5 (C)24.6 (D)24.8 (E)25

25. 当多项式 x^8 被 $x+\dfrac{1}{2}$ 所除时,用 $q_1(x)$ 和 r_1 分别表示商和余数,当 $q_1(x)$ 再被 $x+\dfrac{1}{2}$ 所除时,再用 $q_2(x)$ 和 r_2 分别表示商和余数,那么 r_2 等

于( ).

(A)$\frac{1}{256}$　(B)$-\frac{1}{16}$　(C)1　(D)-16　(E)256

26. 对于每一对实数 x,y，函数 f 满足函数方程
$$f(x)+f(y)=f(x+y)-xy-1$$
若 $f(1)=1$，那么满足 $f(n)=n$ (其中 $n\neq 1$) 的整数数目共有( ).

(A)0　(B)1　(C)2　(D)3　(E)无穷多

(见附录)

27. 任意选择一对有序整数 (b,c)，其中每一个整数的绝对值小于或等于5，每一对这样的有序整数被选择的可能性是相等的，则方程式 $x^2+bx+c=0$ 没有相异正实根的概率是( ).

(A)$\frac{106}{121}$　(B)$\frac{108}{121}$　(C)$\frac{110}{121}$　(D)$\frac{112}{121}$

(E)这些都不对

28. 以 A,B,C 为圆心的三个圆，半径均为 r，其中 $1<r<2$，每两个圆心间的距离都是2. 若点 B' 是圆 A 和圆 C 的交点且在圆 B 外，点 C' 是圆 A 和圆 B 的交点且在圆 C 外，那么 $B'C'$ 的长等于( ).

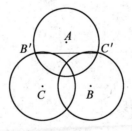

第28题图

(A)$3r-2$ (B)r^2 (C)$r+\sqrt{3(r-1)}$

(D)$1+\sqrt{3(r^2-1)}$ (E)这些都不对

29. 对于每个正数x,设

$$f(x)=\frac{\left(x+\frac{1}{x}\right)^6-x^6+\frac{1}{x^6}-2}{\left(x+\frac{1}{x}\right)^3+x^3+\frac{1}{x^3}}$$

则$f(x)$的极小值是(   ).

(A)1   (B)2   (C)3   (D)4   (E)6

30. 在$\triangle ABC$中,点E是边BC的中点,点D在边AC上.若AC的长是1,$\angle BAC=60°$,$\angle ABC=100°$,$\angle ACB=20°$,$\angle DEC=80°$,那么$\triangle ABC$的面积加上$\triangle CDE$的面积的2倍等于(   ).

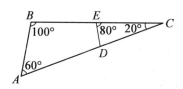

第30题图

(A)$\frac{1}{4}\cos 10°$ (B)$\frac{\sqrt{3}}{8}$ (C)$\frac{1}{4}\cos 40°$

(D)$\frac{1}{4}\cos 50°$ (E)$\frac{1}{8}$

2　第二部分　答案

1.（D）　2.（D）　3.（C）　4.（E）　5.（D）　6.（A）
7.（E）　8.（C）　9.（E）　10.（D）　11.（B）
12.（B）　13.（A）　14.（C）　15.（E）　16.（E）
17.（C）　18.（C）　19.（A）　20.（C）　21.（B）
22.（A）　23.（C）　24.（E）　25.（B）　26.（B）
27.（E）　28.（D）　29.（E）　30.（B）

1980 年试题

1 第一部分 试题

1. 满足条件"它的 7 倍小于 100"的最大整数是( ).
   (A)12 (B)13 (C)14 (D)15
   (E)16

2. 多项式 $(x^2+1)^4(x^3+1)^3$ 中 x 的次数是( ).
   (A)5 (B)7 (C)12 (D)17
   (E)72

3. 设 $2x-y$ 与 $x+y$ 的比是 $\frac{2}{3}$,则 $x:y$ 等于( ).
   (A)$\frac{1}{5}$ (B)$\frac{4}{5}$ (C)1 (D)$\frac{6}{5}$
   (E)$\frac{5}{4}$

4. 在下图中，△CDE 为等边三角形，ABCD 和 DEFG 是正方形，则 ∠GDA 的度数是( ).

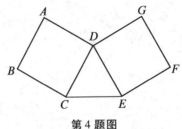

第 4 题图

(A) $90°$ （B）$105°$ （C）$120°$ （D）$135°$
(E) $150°$

5. 如图，若 AB, CD 是圆 Q 的垂直直径，∠QPC = $60°$，那么 PQ 的长除以 AQ 的长是( ).

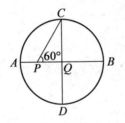

第 5 题图

(A) $\dfrac{\sqrt{3}}{2}$ (B) $\dfrac{\sqrt{3}}{3}$ (C) $\dfrac{\sqrt{2}}{2}$ (D) $\dfrac{1}{2}$ (E) $\dfrac{2}{3}$

6. 正数 x 满足不等式 $\sqrt{x} < 2x$ 的充要条件是( ).
   (A) $x > \dfrac{1}{4}$ (B) $x > 2$ (C) $x > 4$ (D) $x < \dfrac{1}{4}$
   (E) $x < 4$

7. 如图，凸四边形 ABCD 的边 AB, BC, CD 和 DA 分别长 3, 4, 12 和 13, ∠CBA 是直角，则四边形 ABCD 的面积是( ).

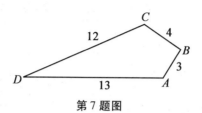

第7题图

(A)32　(B)36　(C)39　(D)42　(E)48

8. 满足方程 $\dfrac{1}{a}+\dfrac{1}{b}=\dfrac{1}{a+b}$ 的非零实数 (a,b) 的对数为( ).

(A)无　　　(B)1　　　(C)2

(D)对每一个 $b\neq 0$ 的数有一对

(E)对每一个 $b\neq 0$ 的数有两对

9. 一人向正西方向走 x 英里,他向左转 $150°$,然后朝新方向走 3 英里.结果他离出发点 $\sqrt{3}$ 英里,那么 x 是( ).

(A)$\sqrt{3}$　(B)$2\sqrt{3}$　(C)$\dfrac{3}{2}$　(D)3

(E)按已知条件无唯一的解

10. 三个啮合的圆齿轮 A,B,C 的齿数分别是 x,y,z(如图,所有齿轮的齿大小相同并且间隔均匀),则 A,B,C 每分钟旋转的角速度之比是( ).

第10题图

(A) $x:y:z$ (B) $z:y:x$ (C) $y:z:x$ (D) $yz:xz:xy$
(E) $xz:yx:zy$

11. 一个算术级数的前 10 项之和以及前 100 项之和分别为 100 和 10,那么前 110 项的和是(　　).

(A) 90　(B) -90　(C) 110　(D) -110　(E) -100

12. 直线 l_1 和 l_2 的方程分别为 $y=mx$ 和 $y=nx$. 假设 l_1 与水平方向的夹角(从 x 轴的正方向按逆时针方向来量)是 l_2 的 2 倍,并且 l_1 的斜率是 l_2 的 4 倍. 若 l_1 不水平,那么乘积 mn 是(　　).

(A) $\dfrac{\sqrt{2}}{2}$　(B) $-\dfrac{\sqrt{2}}{2}$　(C) 2　(D) -2

(E) 按已知条件无唯一解

13. 一只虫(不计大小)由坐标平面的原点出发. 首先它向右移动 1 个单位到 $(1,0)$,然后它逆时针旋转 $90°$ 走 $\dfrac{1}{2}$ 个单位到 $\left(1,\dfrac{1}{2}\right)$,若照此继续下去,每次逆时针旋转 $90°$ 并走上次走的一半,则下列各点中将离虫最近的是(　　).

(A) $\left(\dfrac{2}{3},\dfrac{2}{3}\right)$　(B) $\left(\dfrac{4}{5},\dfrac{2}{5}\right)$　(C) $\left(\dfrac{2}{3},\dfrac{4}{5}\right)$

(D) $\left(\dfrac{2}{3},\dfrac{1}{3}\right)$　(E) $\left(\dfrac{2}{5},\dfrac{4}{5}\right)$

14. 若函数 f 定义为

$$f(x)=\dfrac{cx}{2x+3}, x\neq -\dfrac{3}{2}$$

并且对于除去 $-\dfrac{3}{2}$ 的一切实数 x,满足 $f[f(x)]=$

x,那么 c 是( ).

(A) -3　(B) $-\dfrac{3}{2}$　(C) $\dfrac{3}{2}$　(D) 3

(E) 按已知条件无唯一解

15. 某商店用元和分标价某一货物,当 4% 销售税加上去后,因为结果正好是 n 元,故不需四舍五入(亦即 n 是正整数),则 n 的最小值是( ).

(A) 1　(B) 13　(C) 25　(D) 26　(E) 100

16. 立方体八个顶点中有四个恰好是正四面体的顶点,则立方体的表面积与四面体的表面积之比为( ).

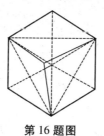

第 16 题图

(A) $\sqrt{2}$　(B) $\sqrt{3}$　(C) $\sqrt{\dfrac{3}{2}}$　(D) $\dfrac{2}{\sqrt{3}}$　(E) 2

17. 已知 $i^2=-1$,则能使 $(n+i)^4$ 为整数的整数 n 有( ).

(A) 0 个　(B) 1 个　(C) 2 个　(D) 3 个

(E) 4 个

18. 若 $b>1$,$\sin x>0$,$\cos x>0$ 且 $\log_b \sin x=a$,那么 $\log_b \cos x$ 等于( ).

(A) $2\log_b(1-b^{\frac{a}{2}})$　(B) $\sqrt{1-a^2}$　(C) b^{a^2}

(D) $\frac{1}{2}\log_b(1-b^{2a})$ (E) 这些都不对

19. 设 C_1, C_2 和 C_3 是某个圆中处于圆心同一侧的三条平行弦,C_1 和 C_2 间的距离等于 C_2 和 C_3 间的距离. 若三条弦的长度是 20,16,8,则圆的半径是( ).

(A)12 (B)$4\sqrt{7}$ (C)$\frac{5\sqrt{65}}{3}$ (D)$\frac{5\sqrt{22}}{2}$

(E)按已知条件无唯一的解

20. 盒子里有 2 枚 1 分,4 枚 5 分和 6 枚 1 角的钱币,从中取出 6 枚硬币,每次取出不再放回,每枚硬币被选中的概率相等,则取出的硬币的值至少是 50 分的概率是( ).

(A)$\frac{37}{924}$ (B)$\frac{91}{924}$ (C)$\frac{127}{924}$ (D)$\frac{132}{924}$

(E)这些都不对

21. 在 △ABC 中,$\angle CBA = 72°$,点 E 是边 AC 的中点,D 在 BC 边上且 $2BD = DC$,AD 与 BE 相交于点 F,则 △BDF 和四边形 FDCE 的面积之比是( ).

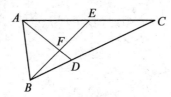

第21题图

(A)$\frac{1}{5}$ (B)$\frac{1}{4}$ (C)$\frac{1}{3}$ (D)$\frac{2}{5}$

(E)这些都不对

22. 对于每个实数 x, 设 $f(x)$ 是 $4x+1, x+2$ 和 $-2x+4$ 三个函数中的最小值,那么 $f(x)$ 的最大值是( ).

(A)$\frac{1}{3}$　(B)$\frac{1}{2}$　(C)$\frac{2}{3}$　(D)$\frac{5}{2}$　(E)$\frac{8}{3}$

23. 从直角三角形斜边所对的顶点作斜边的三等分点的连线,这两条线段分别长 $\sin x$ 和 $\cos x$,其中 x 是 $\left(0, \frac{\pi}{2}\right)$ 的一个实数,则斜边的长是( ).

(A)$\frac{4}{3}$　(B)$\frac{3}{2}$　(C)$\frac{3\sqrt{5}}{5}$　(D)$\frac{2\sqrt{5}}{3}$

(E)按已知条件无唯一的解

24. 对某些实数 r,多项式 $8x^3 - 4x^2 - 42x + 45$ 可被 $(x-r)^2$ 整除,则最接近于 r 的数是( ).

(A)1.22　(B)1.32　(C)1.42　(D)1.52

(E)1.62

25. 在奇整数的非减数列

$$\{a_1, a_2, a_3, \cdots\} = \{1,3,3,3,5,5,5,5,5,\cdots\}$$

中,每个正奇整数 k 出现 k 次. 已知有整数 b, c 和 d 存在,对于所有正整数 n 满足 $a_n = b\left[\sqrt{n+c}\right] + d$,其中 $[x]$ 表示不超过 x 的最大整数,则 $b+c+d$ 的和等于( ).

(A)0　(B)1　(C)2　(D)3　(E)4

26. 四个半径为1的球相切,三个放在地板上,第四个放在其他三个上面. 作一个棱长为 S 的正四面体外切这些球,那么 S 等于( ).

(A)$4\sqrt{2}$　(B)$4\sqrt{3}$　(C)$2\sqrt{6}$　(D)$1+2\sqrt{6}$

(E)$2+2\sqrt{6}$

27. $\sqrt[3]{5+2\sqrt{13}}+\sqrt[3]{5-2\sqrt{13}}$ 的和等于(   ).

(A)$\dfrac{3}{2}$　(B)$\dfrac{\sqrt[3]{65}}{4}$　(C)$\dfrac{1+\sqrt[6]{13}}{2}$　(D)$\sqrt[3]{2}$

(E)这些都不对

28. 多项式 $x^{2n}+1+(x+1)^{2n}$ 不能被 x^2+x+1 整除的条件是,若 n 等于(   ).

(A)17　(B)20　(C)21　(D)64　(E)65

29. 有多少组有序的三个一组的整数 (x,y,z) 满足下列方程组?(   ).

$$\begin{cases} x^2-3xy+2y^2-z^2=31 \\ -x^2+6yz+2z^2=44 \\ x^2+xy+8z^2=100 \end{cases}$$

(A)0　(B)1　(C)2　(D)一个大于2的有限数
(E)无限多

30. 十进制中,六位数能够满足下列条件就叫作"平方数":

(Ⅰ)它的数字都不为零;

(Ⅱ)它是一个完全平方;

(Ⅲ)这个数的前两位数字,中间两位数字和后两位数字都是完全平方(当看作两位数时).

则这样的平方数有(   ).

(A)0个　(B)2个　(C)3个　(D)8个
(E)9个

2 第二部分 答案

1.（C） 2.（D） 3.（E） 4.（C） 5.（B） 6.（A）
7.（B） 8.（A） 9.（E） 10.（D） 11.（D）
12.（C） 13.（B） 14.（A） 15.（B） 16.（B）
17.（D） 18.（D） 19.（D） 20.（C） 21.（A）
22.（E） 23.（C） 24.（D） 25.（C） 26.（E）
27.（E） 28.（C） 29.（A） 30.（B）

函数方程的柯西解法

在函数方程的发展史上,许多函数方程的建立和解法都是由柯西[①]首先提出的. 在此我们就来研究函数方程的柯西解法.

附录中的函数,它的定义域都是在某一区间上的实数.

柯西解法的步骤是:依次求出对于自变量的所有自然数值、整数值、有理数值,直至所有实数值的函数方程的解.

众所周知,一个函数方程的解往往并不是唯一的. 也就是说,可能存在着不同的函数,满足同一个函数方程. 为了保证函数方程的解的唯一性,通常需要给所求的函数附加一些条件,例如:要求所求的函数必须是连续的,或者必须是单调的. 在附录里,要求函数方程的解都必须是单调函数.

---

① 柯西(1789—1857),法国数学家.

附录　函数方程的柯西解法

什么是单调函数呢？如果对于较大的自变量的值，函数值也较大，即当 $x_2 > x_1$ 时，有 $f(x_2) > f(x_1)$，就称函数 $f(x)$ 单调增加. 如果对于较大的自变量的值，函数值反而较小，即当 $x_2 > x_1$ 时，有 $f(x_2) < f(x_1)$，就称函数 $f(x)$ 单调减小. 单调增加和单调减小的函数，统称单调函数.

在后面的讨论中，我们还要用到区间套原理. 这个原理是这样的：

设有一个区间序列

$$[\alpha_1, \beta_1], [\alpha_2, \beta_2], [\alpha_3, \beta_3], \cdots, [\alpha_n, \beta_n], \cdots \quad ①$$

其中每个区间都包含着后一个区间：

$$[\alpha_i, \beta_i] \supset [\alpha_{i+1}, \beta_{i+1}] \quad (i = 1, 2, 3, \cdots)$$

(其中 ⊃ 是集合的包含符号) 形成一个"区间套"，而且区间长度可以任意地小 (就是说，不论我们事先给定一个多小的正数 ε，序列①中总存在这样一个区间，从此以后所有的区间的长度都小于 ε). 那么，必定存在着唯一的一点 ξ，被所有 (无穷多) 这些区间所包含.

特别是当 ξ 是无理数时，如果把 α_n 和 β_n 取作 ξ 的精确到 10^{-n} 的不足近似值和过剩近似值. 那么，以 ξ 的不足近似值和过剩近似值为端点，将构成一个区间套. 相应的区间的长度是 10^{-n}. 例如，我们知道，圆周率 π 是一个无理数

$$\pi = 3.141\ 592\ 653\ 589\ 793\cdots$$

于是，可以构成区间套

$$[3.1, 3.2] \supset [3.14, 3.15] \supset [3.141, 3.142] \supset \cdots$$

区间的长度依次是 $3.2 - 3.1 = 10^{-1}$，$3.15 - 3.14 =$

73

10^{-2}, $3.142 - 3.141 = 10^{-3}$,…. 我们注意到,每个区间的端点 α_n 和 β_n 都是有理数,而只有唯一的一个无理数 $\alpha = \pi$ 被包含在所有这些区间之内.

有了这些准备之后,我们转入函数方程的柯西解法的讨论.

例1 解函数方程
$$f(x+y) = f(x) + f(y) \qquad ①$$

解 由函数方程①容易推得(用数学归纳法)
$$f(x_1 + x_2 + \cdots + x_n) = f(x_1) + f(x_2) + \cdots + f(x_n) \qquad ②$$
在式②中如果令 $x_1 = x_2 = \cdots = x_n = x$,就得到
$$f(nx) = nf(x)$$

再令 $x = \dfrac{m}{n}$(m 是正整数),又有
$$nf\left(\dfrac{m}{n}\right) = f\left(n \cdot \dfrac{m}{n}\right) = f(m) = f(m \cdot 1) = mf(1)$$
所以
$$f\left(\dfrac{m}{n}\right) = f(1) \cdot \dfrac{m}{n}$$

记常数 $f(1) = c$,于是对于任何正有理数 $x > 0$,都有
$$f(x) = cx \qquad ③$$

当自变量的值为 0 时,即令 $x = y = 0$,由函数方程①,有
$$f(0) = f(0) + f(0)$$
所以
$$f(0) = 0 = c \cdot 0$$

这就是说,对于自变量的值为零的情形,函数方

程①的解也是③.

对于自变量为负数的情形,如 x 为负有理数,可设 $y = -x > 0$. 于是有
$$f(x) + f(y) = f(x+y) = f(0) = 0$$
所以
$$f(x) = -f(y) = -cy = cx$$

总之,对于自变量的任何有理数值 $x = r$,函数方程①的解都是③
$$f(r) = cr \qquad ④$$

现在来讨论自变量是无理数的情形:$x = \xi$(ξ 是无理数).设 ξ 的精确到小数点后第 i 位的不足近似值和过剩近似值是 α_i 和 β_i. 根据 $f(x)$ 的单调性(为确定起见,不妨设 $f(x)$ 是单调增加的),推知
$$f(\alpha_i) < f(\xi) < f(\beta_i) \quad (i=1,2,3,\cdots) \qquad ⑤$$
因为 $c = f(1) > f(0) = 0$,由
$$\alpha_i < \xi < \beta_i$$
又得
$$c\alpha_i < c\xi < c\beta_i$$
由于 α_i, β_i 是有理数,由⑤得
$$c\alpha_i < f(\xi) < c\beta_i \qquad ⑥$$
比较⑤和⑥,看出 $c\xi$ 和 $f(\xi)$ 处于同一个区间套之内.根据区间套原理,只有一个点为所有区间套公有,得知
$$f(\xi) = c\xi \qquad ⑦$$

综合④和⑦,即得:对于任何实数 x,函数方程①的解是正比例函数
$$f(x) = cx$$

例 2 解函数方程

$$2f\left(\frac{x+y}{2}\right) = f(x) + f(y) \qquad ①$$

解 在函数方程①中,令 $y=0$,就有

$$2f\left(\frac{x}{2}\right) = f(x) + f(0)$$

或者

$$f(2x) = 2f(x) - f(0) \qquad ②$$

用数学归纳法可以证明

$$2f\left(\frac{x_1 + x_2 + \cdots + x_n}{2}\right)$$
$$= f(x_1) + f(x_2) + \cdots + f(x_n) - (n-2)f(0) \qquad ③$$

事实上,当 $n=k$ 时,方程③成立,即设

$$2f\left(\frac{x_1 + x_2 + \cdots + x_k}{2}\right)$$
$$= f(x_1) + f(x_2) + \cdots + f(x_k) - (k-2)f(0)$$

于是有

$$2f\left(\frac{x_1 + x_2 + \cdots + x_k + x_{k+1}}{2}\right)$$
$$= 2f\left[\frac{(x_1 + x_2 + \cdots + x_k) + x_{k+1}}{2}\right]$$
$$= f(x_1 + x_2 + \cdots + x_k) + f(x_{k+1})$$
$$= f\left(\frac{2x_1 + 2x_2 + \cdots + 2x_k}{2}\right) + f(x_{k+1})$$
$$= \frac{1}{2}[f(2x_1) + f(2x_2) + \cdots + f(2x_k) -$$
$$(k-2)f(0)] + f(x_{k+1})$$

根据式②,得

附录　函数方程的柯西解法

$$2f\left(\frac{x_1+x_2+\cdots+x_{k+1}}{2}\right)$$

$$=\frac{1}{2}[2f(x_1)-f(0)+2f(x_2)-f(0)+\cdots+2f(x_k)-$$

$$f(0)-(k-2)f(0)]+f(x_{k+1})$$

$$=f(x_1)+f(x_2)+\cdots+f(x_k)+f(x_{k+1})-(k-1)f(0)$$

就是说,对于 $n=k+1$,方程③仍然成立. 又当 $n=2$ 时,显然有

$$2f\left(\frac{x_1+x_2}{2}\right)=f(x_1)+f(x_2)$$

$$=f(x_1)+f(x_2)-(2-2)f(0)$$

这就证明了由函数方程①可以推出函数方程③.

在③中,令 $x_1=x_2=\cdots=x_n=x$,即得

$$2f\left(\frac{n}{2}\cdot x\right)=nf(x)-(n-2)f(0) \qquad ④$$

又令 $x=\dfrac{m}{n}$(m 是正整数),则有

$$2f\left(\frac{m}{2}\right)=nf\left(\frac{m}{n}\right)-(n-2)f(0)$$

就是

$$nf\left(\frac{m}{n}\right)=2f\left(\frac{m}{2}\right)+(n-2)f(0)$$

但由式④知

$$2f\left(\frac{m}{2}\right)=2f\left(\frac{m}{2}\cdot 1\right)=mf(1)-(m-2)f(0)$$

代入上式即得

$$nf\left(\frac{m}{n}\right)=mf(1)-(m-2)f(0)+(n-2)f(0)$$

$$= mf(1) - mf(0) + nf(0)$$
$$= m[f(1) - f(0)] + nf(0)$$

因而
$$f\left(\frac{m}{n}\right) = \frac{m}{n}[f(1) - f(0)] + f(0)$$

记 $f(1) - f(0) = c_1, f(0) = c_2$. 最后有
$$f(x) = c_1 x + c_2 \qquad ⑤$$

当 $x = 0$ 时,显然有
$$c_1 x + c_2 = c_2 = f(0) \qquad ⑥$$

如果令 $y = -x > 0$,就有
$$2f(0) = f(x) + f(-x)$$

所以
$$f(x) = 2f(0) - f(-x) = 2c_2 - [c_1(-x) + c_2]$$
$$= c_1 x + c_2 \qquad ⑦$$

总之,由式⑤⑥⑦得,对于任何有理数 $x = r$,函数方程①的解是
$$f(r) = c_1 r + c_2 \qquad ⑧$$

现在,讨论自变量是无理数的情形:$x = \xi$(ξ 是无理数). 设 ξ 的精确到小数点后第 i 位的不足近似值和过剩近似值是 α_i 和 β_i. 根据 $f(x)$ 的单调性(不妨假定 $f(x)$ 是单调增加的,单调减小情形的论证类似)推知
$$f(\alpha_i) < f(\xi) < f(\beta_i) \quad (i = 1, 2, 3, \cdots) \qquad ⑨$$

同样根据单调增加性,得知
$$c_1 = f(1) - f(0) > 0$$

所以由
$$\alpha_i < \xi < \beta_i$$

可得
$$c_1\alpha_i + c_2 < c_1\xi + c_2 < c_1\beta_i + c_2$$
而由于 α_i, β_i 是有理数,所以⑨又可写成
$$c_1\alpha_i + c_2 < f(\xi) < c_1\beta_i + c_2 \qquad ⑩$$
⑨和⑩表明 $c_1\xi + c_2$ 和 $f(\xi)$ 处于同一个区间套之内. 根据区间套原理,就有
$$f(\xi) = c_1\xi + c_2 \qquad ⑪$$
综合⑧⑪,可知对于任何实数 x,函数方程①的解是一次函数
$$f(x) = c_1 x + c_2$$

例3 解函数方程
$$f(x)f(y) = f(x+y) \qquad ①$$

解 由①容易推得(用数学归纳法):
$$f(x_1)f(x_2)\cdots f(x_n) = f(x_1 + x_2 + \cdots + x_n)$$
如果令 $x_1 = x_2 = \cdots = x_n = x$,对于任何实数 x 和自然数 n,就有
$$[f(x)]^n = f(nx) \qquad ②$$
在②中,令 $x = \dfrac{1}{m}$(m 是自然数),便有
$$f\left(\dfrac{n}{m}\right) = \left[f\left(\dfrac{1}{m}\right)\right]^n = \left\{\left[f\left(\dfrac{1}{m}\right)\right]^m\right\}^{\frac{n}{m}} = [f(1)]^{\frac{n}{m}}$$
记 $f(1) = c$,就得
$$f\left(\dfrac{n}{m}\right) = c^{\frac{n}{m}} \qquad (3)$$
令 $y = 0$,对于任何实数 x,由①得
$$f(x)f(0) = f(x)$$

因为 $f(x)$ 是单调的,所以 $f(x)$ 不恒等于零. 从而
$$f(0) = 1 = c^0 \quad ④$$

如果令 $y = -x = \dfrac{n}{m}$,那么由①又得
$$f\left(-\dfrac{n}{m}\right)f\left(\dfrac{n}{m}\right) = f(0) = 1$$

所以
$$f\left(-\dfrac{n}{m}\right) = \dfrac{1}{f\left(\dfrac{n}{m}\right)} = \dfrac{1}{c^{\frac{n}{m}}} = c^{-\frac{n}{m}} \quad ⑤$$

③④⑤表明,对于任何有理数 r,满足函数方程①的是指数函数
$$f(r) = c^r$$

对于自变量为无理数的情形,推证方法和例1,例2类似,这里从略.

总之,函数方程①的解是指数函数
$$f(x) = c^x$$

由此可见,放射性物质的衰变规律服从指数函数. 进一步研究得知,1 克放射性物质经过 x 年后,剩余的放射性物质为
$$f(x) = e^{-\lambda x}$$

就是说,指数的底 $c = e$①,而 λ 是一个与具体放射性物质有关的常数.

例4 解函数方程
$$f(xy) = f(x) + f(y) \quad ①$$

---

① e 是自然对数的底:$e = 2.718\,281\,828\,459\,045\cdots$

附录　函数方程的柯西解法

函数的定义域是正实数.

解 在①中,如果令 $y=1$,就有
$$f(x)=f(x)+f(1)$$
所以
$$f(1)=0 \qquad ②$$
又由①容易推得
$$f(x_1 x_2 \cdots x_n)=f(x_1)+f(x_2)+\cdots+f(x_n)$$
令 $x_1=x_2=\cdots=x_n=x$,即得
$$f(x^n)=nf(x) \qquad ③$$
在上式中,以 $\sqrt[n]{x}$ 代 x,又得
$$f(x)=nf(\sqrt[n]{x})$$
所以
$$f(\sqrt[n]{x})=\frac{1}{n}f(x) \qquad ④$$

设 $r=\dfrac{p}{q}$ 是正有理数(p,q 是正整数).由③④就有
$$f(x^{\frac{p}{q}})=f(\sqrt[q]{x^p})=\frac{1}{q}f(x^p)=\frac{p}{q}f(x) \qquad ⑤$$

在函数方程①中,如果令 $y=\dfrac{1}{x}$,就得
$$f(x)+f\left(\frac{1}{x}\right)=f(1)=0$$
所以
$$f\left(\frac{1}{x}\right)=-f(x)$$
或者
$$f(x^{-1})=(-1)f(x) \qquad ⑥$$

仍设 r 是正有理数,于是由⑥③有
$$f(x^{-r}) = f[(x^r)^{-1}] = -f(x^r) = (-r)f(x) \quad ⑦$$
此外
$$f(x^0) = f(1) = 0 = 0 \cdot f(x) \quad ⑧$$
综合式⑤⑦⑧所得结果,证明了对于任何有理数 r,都有
$$f(x^r) = rf(x)$$
当指数为无理数 α 时,仿照例1,2,可以证明
$$f(x^\alpha) = \alpha f(x) \quad ⑨$$
因而有
$$f(x^y) = yf(x) \quad ⑩$$
其中 y 是任何实数.

因为 $f(x)$ 是单调的,所以不能恒等于零.从而存在 $x = c$,使得 $f(c) \neq 0$.在⑩中,令 $x = c, y = \dfrac{1}{f(c)}$,可得
$$f\left[c^{\frac{1}{f(c)}}\right] = 1$$
记 $c^{\frac{1}{f(c)}} = a$,则有
$$f(a) = 1$$
于是
$$f(a^y) = yf(a) = y$$
令 $x = a^y$,或 $y = \log_a x$,可得
$$f(x) = \log_a x$$
这就是说,函数方程①的解是对数函数.

值得指出的是,例1所讨论的函数方程
$$f(x + y) = f(x) + f(y)$$
是一个很重要的方程.这个方程是由柯西最早加以研

究的,后来就叫作柯西函数方程. 我们立即就会看到,柯西函数方程在解函数方程上的作用:有许多其他函数方程,都可以通过适当方法转化为柯西函数方程,从而获得解答. 试看以下例子.

例5 用柯西方程解例 2 中的函数方程

$$2f\left(\frac{x+y}{2}\right)=f(x)+f(y)$$

解 设 $f(0)=a$. 由所给的函数方程得

$$f\left(\frac{x}{2}\right)=f\left(\frac{x+0}{2}\right)=\frac{1}{2}[f(x)+f(0)]$$

$$=\frac{1}{2}[f(x)+a]$$

由此又有

$$\frac{1}{2}[f(x)+f(y)]=f\left(\frac{x+y}{2}\right)=\frac{1}{2}[f(x+y)+a]$$

所以

$$f(x+y)=f(x)+f(y)-a \qquad ①$$

设 $g(x)=f(x)-a$,就有 $g(x+y)=f(x+y)-a$,$g(y)=f(y)-a$. 代入①,即得

$$g(x+y)=g(x)+g(y) \qquad ②$$

这个方程正是柯西函数方程,所以有

$$g(x)=cx$$

所以

$$f(x)=cx+a$$

这和我们在例 2 中所获得的结果是一致的,但解答过程却简短多了.

例6 用柯西方程解例3中的函数方程
$$f(x)f(y)=f(x+y)$$

解 我们首先证明$f(x)>0$. 由所给的函数方程得知
$$f(x)=f\left(\frac{x}{2}+\frac{x}{2}\right)=f\left(\frac{x}{2}\right)f\left(\frac{x}{2}\right)=\left[f\left(\frac{x}{2}\right)\right]^2\geq 0$$

这就是说,对于x的任何实数值,$f(x)$的值是非负数. 我们进一步证明,对于x的任何实数值,$f(x)$不能是0. 实际上,一旦存在某个x_0,能使$f(x_0)=0$,那么$f(x)$将恒等于0. 这是因为
$$f(x)=f[(x-x_0)+x_0]=f(x-x_0)f(x_0)=0$$

这样一来,就与我们在本节初对$f(x)$的单调性要求相矛盾了. 总之,对于任何实数x,总有$f(x)>0$.

在所给的函数方程两边同时取对数,即得
$$\log_a f(x+y)=\log_a f(x)+\log_a f(y)$$

设$g(x)=\log_a f(x)$,就有
$$g(x+y)=g(x)+g(y)$$

这样就把原函数方程化成了柯西方程. 柯西方程的解是正比例函数
$$g(x)=c_1 x$$

所以
$$\log_a f(x)=c_1 x$$

即
$$f(x)=a^{c_1 x}=(a^{c_1})^x=c^x$$

这里,$c=a^{c_1}$. 所得的结果和例3相同.

附录 函数方程的柯西解法

练习1 用柯西方程解函数方程

$$f(x+y) = \frac{f(x)f(y)}{f(x)+f(y)} \quad (x \neq 0)$$

练习2 用柯西方程解例4中的方程

$$f(xy) = f(x) + f(y)$$

练习3 利用函数方程

$$f(x+y) = f(x)f(y)$$

的解是指数函数 $f(x) = c^x$ 这一结果（例3,6），解定义在正实数上的函数方程

$$f(xy) = f(x)f(y)$$

练习解答

练习1 解 由原方程得

$$\frac{1}{f(x+y)} = \frac{f(x)+f(y)}{f(x)f(y)} = \frac{1}{f(x)} + \frac{1}{f(y)}$$

设 $\varphi(x) = \frac{1}{f(x)}$，就有

$$\varphi(x+y) = \varphi(x) + \varphi(y)$$

这是柯西方程. 所以

$$\varphi(x) = cx$$

$$f(x) = \frac{1}{cx} = \frac{a}{x}$$

这里，$a = \frac{1}{c}$. 所给函数方程的解是反比例函数.

练习 2　解　因函数 $f(x)$ 的定义域是正实数,故可设 $u=\log_b x, v=\log_b y$,或 $x=b^u, y=b^v$,代入原函数方程得
$$f(b^{u+v}) = f(b^u) + f(b^v)$$

令
$$\varphi(t) = f(b^t)$$

就有
$$\varphi(u+v) = \varphi(u) + \varphi(v)$$

这是柯西方程. 所以
$$\varphi(u) = cu$$

所以有
$$f(x) = f(b^u) = \varphi(u) = cu = c\log_b x$$

设 $a = b^{\frac{1}{c}}$,则
$$c\log_b x = \log_b x^c = \log_{b^{\frac{1}{c}}} x = \log_a x$$

所以
$$f(x) = \log_a x$$

所给函数方程的解是对数函数.

练习 3　解　设 $u = \log_b x, v = \log_b y$,或 $x = b^u, y = b^v$,代入原函数方程,得
$$f(b^{u+v}) = f(b^u) f(b^v)$$

令
$$\varphi(t) = f(b^t)$$

就有
$$\varphi(u+v) = \varphi(u)\varphi(v)$$

所以

附录　函数方程的柯西解法

$$\varphi(u) = a^u$$
$$f(x) = f(b^u) = \varphi(u) = a^u = a^{\log_b x}$$

因为
$$a^{\log_b x} = x^{\log_b a}$$

令 $c = \log_b a$，就有
$$f(x) = x^c$$

所给函数方程的解是幂函数.

哈尔滨工业大学出版社刘培杰数学工作室已出版(即将出版)图书目录

书 名	出版时间	定价	编号
新编中学数学解题方法全书(高中版)上卷	2007—09	38.00	7
新编中学数学解题方法全书(高中版)中卷	2007—09	48.00	8
新编中学数学解题方法全书(高中版)下卷(一)	2007—09	42.00	17
新编中学数学解题方法全书(高中版)下卷(二)	2007—09	38.00	18
新编中学数学解题方法全书(高中版)下卷(三)	2010—06	58.00	73
新编中学数学解题方法全书(初中版)上卷	2008—01	28.00	29
新编中学数学解题方法全书(初中版)中卷	2010—07	38.00	75
新编中学数学解题方法全书(高考复习卷)	2010—01	48.00	67
新编中学数学解题方法全书(高考真题卷)	2010—01	38.00	62
新编中学数学解题方法全书(高考精华卷)	2011—03	68.00	118
新编平面解析几何解题方法全书(专题讲座卷)	2010—01	18.00	61
新编中学数学解题方法全书(自主招生卷)	2013—08	88.00	261
数学眼光透视(第2版)	2017—06	78.00	732
数学思想领悟	2008—01	38.00	25
数学应用展观	2008—01	38.00	26
数学建模导引	2008—01	28.00	23
数学方法溯源	2008—01	38.00	27
数学史话览胜(第2版)	2017—01	48.00	736
数学思维技术	2013—09	38.00	260
数学解题引论	2017—05	48.00	735
从毕达哥拉斯到怀尔斯	2007—10	48.00	9
从迪利克雷到维斯卡尔迪	2008—01	48.00	21
从哥德巴赫到陈景润	2008—05	98.00	35
从庞加莱到佩雷尔曼	2011—08	138.00	136
数学奥林匹克与数学文化(第一辑)	2006—05	48.00	4
数学奥林匹克与数学文化(第二辑)(竞赛卷)	2008—01	48.00	19
数学奥林匹克与数学文化(第二辑)(文化卷)	2008—07	58.00	36'
数学奥林匹克与数学文化(第三辑)(竞赛卷)	2010—01	48.00	59
数学奥林匹克与数学文化(第四辑)(竞赛卷)	2011—08	58.00	87
数学奥林匹克与数学文化(第五辑)	2015—06	98.00	370

哈尔滨工业大学出版社刘培杰数学工作室
已出版(即将出版)图书目录

书　名	出版时间	定　价	编号
世界著名平面几何经典著作钩沉——几何作图专题卷(上)	2009—06	48.00	49
世界著名平面几何经典著作钩沉——几何作图专题卷(下)	2011—01	88.00	80
世界著名平面几何经典著作钩沉(民国平面几何老课本)	2011—03	38.00	113
世界著名平面几何经典著作钩沉(建国初期平面三角老课本)	2015—08	38.00	507
世界著名解析几何经典著作钩沉——平面解析几何卷	2014—01	38.00	264
世界著名数论经典著作钩沉(算术卷)	2012—01	28.00	125
世界著名数学经典著作钩沉——立体几何卷	2011—02	28.00	88
世界著名三角学经典著作钩沉(平面三角卷Ⅰ)	2010—06	28.00	69
世界著名三角学经典著作钩沉(平面三角卷Ⅱ)	2011—01	38.00	78
世界著名初等数论经典著作钩沉(理论和实用算术卷)	2011—07	38.00	126
发展空间想象力	2010—01	38.00	57
走向国际数学奥林匹克的平面几何试题诠释(上、下)(第1版)	2007—01	68.00	11,12
走向国际数学奥林匹克的平面几何试题诠释(上、下)(第2版)	2010—02	98.00	63,64
平面几何证明方法全书	2007—08	35.00	1
平面几何证明方法全书习题解答(第1版)	2005—10	18.00	2
平面几何证明方法全书习题解答(第2版)	2006—12	18.00	10
平面几何天天练上卷·基础篇(直线型)	2013—01	58.00	208
平面几何天天练中卷·基础篇(涉及圆)	2013—01	28.00	234
平面几何天天练下卷·提高篇	2013—01	58.00	237
平面几何专题研究	2013—07	98.00	258
最新世界各国数学奥林匹克中的平面几何试题	2007—09	38.00	14
数学竞赛平面几何典型题及新颖解	2010—07	48.00	74
初等数学复习及研究(平面几何)	2008—09	58.00	38
初等数学复习及研究(立体几何)	2010—06	38.00	71
初等数学复习及研究(平面几何)习题解答	2009—01	48.00	42
几何学教程(平面几何卷)	2011—03	68.00	90
几何学教程(立体几何卷)	2011—07	68.00	130
几何变换与几何证题	2010—06	88.00	70
计算方法与几何证题	2011—06	28.00	129
立体几何技巧与方法	2014—04	88.00	293
几何瑰宝——平面几何500名题暨1000条定理(上、下)	2010—07	138.00	76,77
三角形的解法与应用	2012—07	18.00	183
近代的三角形几何学	2012—07	48.00	184
一般折线几何学	2015—08	48.00	503
三角形的五心	2009—06	28.00	51
三角形的六心及其应用	2015—10	68.00	542
三角形趣谈	2012—08	28.00	212
解三角形	2014—01	28.00	265
三角学专门教程	2014—09	28.00	387
距离几何分析导引	2015—02	68.00	446
图天下几何新题试卷.初中	2017—01	58.00	714

哈尔滨工业大学出版社刘培杰数学工作室
已出版(即将出版)图书目录

书　　名	出版时间	定　价	编号
圆锥曲线习题集(上册)	2013—06	68.00	255
圆锥曲线习题集(中册)	2015—01	78.00	434
圆锥曲线习题集(下册·第1卷)	2016—10	78.00	683
论九点圆	2015—05	88.00	645
近代欧氏几何学	2012—03	48.00	162
罗巴切夫斯基几何学及几何基础概要	2012—07	28.00	188
罗巴切夫斯基几何学初步	2015—06	28.00	474
用三角、解析几何、复数、向量计算解数学竞赛几何题	2015—03	48.00	455
美国中学几何教程	2015—04	88.00	458
三线坐标与三角形特征点	2015—04	98.00	460
平面解析几何方法与研究(第1卷)	2015—05	18.00	471
平面解析几何方法与研究(第2卷)	2015—06	18.00	472
平面解析几何方法与研究(第3卷)	2015—07	18.00	473
解析几何研究	2015—01	38.00	425
解析几何学教程.上	2016—01	38.00	574
解析几何学教程.下	2016—01	38.00	575
几何学基础	2016—01	58.00	581
初等几何研究	2015—02	58.00	444
大学几何学	2017—01	78.00	688
关于曲面的一般研究	2016—11	48.00	690
十九和二十世纪欧氏几何学中的片段	2017—01	58.00	696
近世纯粹几何学初论	2017—01	58.00	711
拓扑学与几何学基础讲义	2017—04	58.00	756
物理学中的几何方法	2017—06	88.00	767
俄罗斯平面几何问题集	2009—08	88.00	55
俄罗斯立体几何问题集	2014—03	58.00	283
俄罗斯几何大师——沙雷金论数学及其他	2014—01	48.00	271
来自俄罗斯的5000道几何习题及解答	2011—03	58.00	89
俄罗斯初等数学问题集	2012—05	38.00	177
俄罗斯函数问题集	2011—03	38.00	103
俄罗斯组合分析问题集	2011—01	48.00	79
俄罗斯初等数学万题选——三角卷	2012—11	38.00	222
俄罗斯初等数学万题选——代数卷	2013—08	68.00	225
俄罗斯初等数学万题选——几何卷	2014—01	68.00	226
463个俄罗斯几何老问题	2012—01	28.00	152
超越吉米多维奇.数列的极限	2009—11	48.00	58
超越普里瓦洛夫.留数卷	2015—01	28.00	437
超越普里瓦洛夫.无穷乘积与它对解析函数的应用卷	2015—05	28.00	477
超越普里瓦洛夫.积分卷	2015—06	18.00	481
超越普里瓦洛夫.基础知识卷	2015—06	28.00	482
超越普里瓦洛夫.数项级数卷	2015—07	38.00	489
初等数论难题集(第一卷)	2009—05	68.00	44
初等数论难题集(第二卷)(上、下)	2011—02	128.00	82,83
数论概貌	2011—03	18.00	93
代数数论(第二版)	2013—08	58.00	94
代数多项式	2014—06	38.00	289
初等数论的知识与问题	2011—02	28.00	95
超越数论基础	2011—03	28.00	96
数论初等教程	2011—03	28.00	97
数论基础	2011—03	18.00	98
数论基础与维诺格拉多夫	2014—03	18.00	292

哈尔滨工业大学出版社刘培杰数学工作室已出版(即将出版)图书目录

书　名	出版时间	定　价	编号
解析数论基础	2012—08	28.00	216
解析数论基础(第二版)	2014—01	48.00	287
解析数论问题集(第二版)(原版引进)	2014—05	88.00	343
解析数论问题集(第二版)(中译本)	2016—04	88.00	607
解析数论基础(潘承洞,潘承彪著)	2016—07	98.00	673
解析数论导引	2016—07	58.00	674
数论入门	2011—03	38.00	99
代数数论入门	2015—03	38.00	448
数论开篇	2012—07	28.00	194
解析数论引论	2011—03	48.00	100
Barban Davenport Halberstam 均值和	2009—01	40.00	33
基础数论	2011—03	28.00	101
初等数论 100 例	2011—05	18.00	122
初等数论经典例题	2012—07	18.00	204
最新世界各国数学奥林匹克中的初等数论试题(上、下)	2012—01	138.00	144,145
初等数论(Ⅰ)	2012—01	18.00	156
初等数论(Ⅱ)	2012—01	18.00	157
初等数论(Ⅲ)	2012—01	28.00	158
平面几何与数论中未解决的新老问题	2013—01	68.00	229
代数数论简史	2014—11	28.00	408
代数数论	2015—09	88.00	532
代数、数论及分析习题集	2016—11	98.00	695
数论导引提要及习题解答	2016—01	48.00	559
素数定理的初等证明. 第 2 版	2016—09	48.00	686
谈谈素数	2011—03	18.00	91
平方和	2011—03	18.00	92
复变函数引论	2013—10	68.00	269
伸缩变换与抛物旋转	2015—01	38.00	449
无穷分析引论(上)	2013—04	88.00	247
无穷分析引论(下)	2013—04	98.00	245
数学分析	2014—04	28.00	338
数学分析中的一个新方法及其应用	2013—01	38.00	231
数学分析例选:通过范例学技巧	2013—01	88.00	243
高等代数例选:通过范例学技巧	2015—06	88.00	475
三角级数论(上册)(陈建功)	2013—01	38.00	232
三角级数论(下册)(陈建功)	2013—01	48.00	233
三角级数论(哈代)	2013—06	48.00	254
三角级数	2015—07	28.00	263
超越数	2011—03	18.00	109
三角和方法	2011—03	18.00	112
整数论	2011—05	38.00	120
从整数谈起	2015—10	28.00	538
随机过程(Ⅰ)	2014—01	78.00	224
随机过程(Ⅱ)	2014—01	68.00	235
算术探索	2011—12	158.00	148
组合数学	2012—04	28.00	178
组合数学浅谈	2012—03	28.00	159
丢番图方程引论	2012—03	48.00	172
拉普拉斯变换及其应用	2015—02	38.00	447
高等代数.上	2016—01	38.00	548
高等代数.下	2016—01	38.00	549

哈尔滨工业大学出版社刘培杰数学工作室
已出版(即将出版)图书目录

书　名	出版时间	定　价	编号
高等代数教程	2016—01	58.00	579
数学解析教程.上卷.1	2016—01	58.00	546
数学解析教程.上卷.2	2016—01	38.00	553
数学解析教程.下卷.1	2017—04	48.00	781
数学解析教程.下卷.2	即将出版		782
函数构造论.上	2016—01	38.00	554
函数构造论.中	即将出版		555
函数构造论.下	2016—09	48.00	680
数与多项式	2016—01	38.00	558
概周期函数	2016—01	48.00	572
变叙的项的极限分布律	2016—01	18.00	573
整函数	2012—08	18.00	161
近代拓扑学研究	2013—04	38.00	239
多项式和无理数	2008—01	68.00	22
模糊数据统计学	2008—03	48.00	31
模糊分析学与特殊泛函空间	2013—01	68.00	241
谈谈不定方程	2011—05	28.00	119
常微分方程	2016—01	58.00	586
平稳随机函数导论	2016—03	48.00	587
量子力学原理·上	2016—01	38.00	588
图与矩阵	2014—08	40.00	644
钢丝绳原理:第二版	2017—01	78.00	745
受控理论与解析不等式	2012—05	78.00	165
解析不等式新论	2009—06	68.00	48
建立不等式的方法	2011—03	98.00	104
数学奥林匹克不等式研究	2009—08	68.00	56
不等式研究(第二辑)	2012—02	68.00	153
不等式的秘密(第一卷)	2012—02	28.00	154
不等式的秘密(第一卷)(第2版)	2014—02	38.00	286
不等式的秘密(第二卷)	2014—01	38.00	268
初等不等式的证明方法	2010—06	38.00	123
初等不等式的证明方法(第二版)	2014—11	38.00	407
不等式·理论·方法(基础卷)	2015—07	38.00	496
不等式·理论·方法(经典不等式卷)	2015—07	38.00	497
不等式·理论·方法(特殊类型不等式卷)	2015—07	48.00	498
不等式的分拆降维降幂方法与可读证明	2016—01	68.00	591
不等式探究	2016—03	38.00	582
不等式探密	2017—01	58.00	689
四面体不等式	2017—01	68.00	715
同余理论	2012—05	38.00	163
[x]与{x}	2015—04	48.00	476
极值与最值.上卷	2015—06	28.00	486
极值与最值.中卷	2015—06	38.00	487
极值与最值.下卷	2015—06	28.00	488
整数的性质	2012—11	38.00	192
完全平方数及其应用	2015—08	78.00	506
多项式理论	2015—10	88.00	541

V

哈尔滨工业大学出版社刘培杰数学工作室
已出版(即将出版)图书目录

书　名	出版时间	定　价	编号
历届美国中学生数学竞赛试题及解答(第一卷)1950—1954	2014—07	18.00	277
历届美国中学生数学竞赛试题及解答(第二卷)1955—1959	2014—04	18.00	278
历届美国中学生数学竞赛试题及解答(第三卷)1960—1964	2014—06	18.00	279
历届美国中学生数学竞赛试题及解答(第四卷)1965—1969	2014—04	28.00	280
历届美国中学生数学竞赛试题及解答(第五卷)1970—1972	2014—06	18.00	281
历届美国中学生数学竞赛试题及解答(第七卷)1981—1986	2015—01	18.00	424
历届美国中学生数学竞赛试题及解答(第八卷)1987—1990	2017—05	18.00	769
历届IMO试题集(1959—2005)	2006—05	58.00	5
历届CMO试题集	2008—09	28.00	40
历届中国数学奥林匹克试题集(第2版)	2017—03	38.00	757
历届加拿大数学奥林匹克试题集	2012—08	38.00	215
历届美国数学奥林匹克试题集:多解推广加强	2012—08	38.00	209
历届美国数学奥林匹克试题集:多解推广加强(第2版)	2016—03	48.00	592
历届波兰数学竞赛试题集.第1卷,1949～1963	2015—03	18.00	453
历届波兰数学竞赛试题集.第2卷,1964～1976	2015—03	18.00	454
历届巴尔干数学奥林匹克试题集	2015—05	38.00	466
保加利亚数学奥林匹克	2014—10	38.00	393
圣彼得堡数学奥林匹克试题集	2015—01	38.00	429
匈牙利奥林匹克数学竞赛题解.第1卷	2016—05	28.00	593
匈牙利奥林匹克数学竞赛题解.第2卷	2016—05	28.00	594
超越普特南试题:大学数学竞赛中的方法与技巧	2017—04	98.00	758
历届国际大学生数学竞赛试题集(1994—2010)	2012—01	28.00	143
全国大学生数学夏令营数学竞赛试题及解答	2007—03	28.00	15
全国大学生数学竞赛辅导教程	2012—07	28.00	189
全国大学生数学竞赛复习全书	2014—04	48.00	340
历届美国大学生数学竞赛试题集	2009—03	88.00	43
前苏联大学生数学奥林匹克竞赛题解(上编)	2012—04	28.00	169
前苏联大学生数学奥林匹克竞赛题解(下编)	2012—04	38.00	170
历届美国数学邀请赛试题集	2014—01	48.00	270
全国高中数学竞赛试题及解答.第1卷	2014—07	38.00	331
大学生数学竞赛讲义	2014—09	28.00	371
普林斯顿大学数学竞赛	2016—06	38.00	669
亚太地区数学奥林匹克竞赛题	2015—07	18.00	492
日本历届(初级)广中杯数学竞赛试题及解答.第1卷(2000～2007)	2016—05	28.00	641
日本历届(初级)广中杯数学竞赛试题及解答.第2卷(2008～2015)	2016—05	38.00	642
360个数学竞赛问题	2016—08	58.00	677
奥数最佳实战题.上卷	即将出版		760
奥数最佳实战题.下卷	2017—05	58.00	761
哈尔滨市早期中学数学竞赛试题汇编	2016—07	28.00	672
全国高中数学联赛试题及解答:1981—2015	2016—08	98.00	676
高考数学临门一脚(含密押三套卷)(理科版)	2017—01	45.00	743
高考数学临门一脚(含密押三套卷)(文科版)	2017—01	45.00	744
新课标高考数学题型全归纳(文科版)	2015—05	72.00	467
新课标高考数学题型全归纳(理科版)	2015—05	82.00	468
洞穿高考数学解答题核心考点(理科版)	2015—11	49.80	550
洞穿高考数学解答题核心考点(文科版)	2015—11	46.80	551
高考数学题型全归纳:文科版.上	2016—05	53.00	663
高考数学题型全归纳:文科版.下	2016—05	53.00	664
高考数学题型全归纳:理科版.上	2016—05	58.00	665
高考数学题型全归纳:理科版.下	2016—05	58.00	666

哈尔滨工业大学出版社刘培杰数学工作室
已出版(即将出版)图书目录

书　名	出版时间	定　价	编号
王连笑教你怎样学数学:高考选择题解题策略与客观题实用训练	2014—01	48.00	262
王连笑教你怎样学数学:高考数学高层次讲座	2015—02	48.00	432
高考数学的理论与实践	2009—08	38.00	53
高考数学核心题型解题方法与技巧	2010—01	28.00	86
高考思维新平台	2014—03	38.00	259
30分钟拿下高考数学选择题、填空题(理科版)	2016—10	39.80	720
30分钟拿下高考数学选择题、填空题(文科版)	2016—10	39.80	721
高考数学压轴题解题诀窍(上)	2012—02	78.00	166
高考数学压轴题解题诀窍(下)	2012—03	28.00	167
北京市五区文科数学三年高考模拟题详解:2013~2015	2015—08	48.00	500
北京市五区理科数学三年高考模拟题详解:2013~2015	2015—09	68.00	505
向量法巧解数学高考题	2009—08	28.00	54
高考数学万能解题法(第2版)	即将出版	38.00	691
高考物理万能解题法(第2版)	即将出版	38.00	692
高考化学万能解题法(第2版)	即将出版	28.00	693
高考生物万能解题法(第2版)	即将出版	28.00	694
高考数学解题金典(第2版)	2017—01	78.00	716
高考物理解题金典(第2版)	即将出版	68.00	717
高考化学解题金典(第2版)	即将出版	58.00	718
我一定要赚分:高中物理	2016—01	38.00	580
数学高考参考	2016—01	78.00	589
2011~2015年全国及各省市高考数学文科精品试题审题要津与解法研究	2015—10	68.00	539
2011~2015年全国及各省市高考数学理科精品试题审题要津与解法研究	2015—10	88.00	540
最新全国及各省市高考数学试卷解法研究及点拨评析	2009—02	38.00	41
2011年全国及各省市高考数学试题审题要津与解法研究	2011—10	48.00	139
2013年全国及各省市高考数学试题解析与点评	2014—01	48.00	282
全国及各省市高考数学试题审题要津与解法研究	2015—02	48.00	450
新课标高考数学——五年试题分章详解(2007~2011)(上、下)	2011—10	78.00	140,141
全国中考数学压轴题审题要津与解法研究	2013—04	78.00	248
新编全国及各省市中考数学压轴题审题要津与解法研究	2014—05	58.00	342
全国及各省市5年中考数学压轴题审题要津与解法研究(2015版)	2015—04	58.00	462
中考数学专题总复习	2007—04	28.00	6
中考数学较难题、难题常考题型解题方法与技巧.上	2016—01	48.00	584
中考数学较难题、难题常考题型解题方法与技巧.下	2016—01	58.00	585
中考数学较难题常考题型解题方法与技巧	2016—09	48.00	681
中考数学难题常考题型解题方法与技巧	2016—09	48.00	682
中考数学选择填空压轴好题妙解365	2017—05	38.00	759
北京中考数学压轴题解题方法突破(第2版)	2017—03	48.00	753
助你高考成功的数学解题智慧:知识是智慧的基础	2016—01	58.00	596
助你高考成功的数学解题智慧:错误是智慧的试金石	2016—04	58.00	643
助你高考成功的数学解题智慧:方法是智慧的推手	2016—04	68.00	657
高考数学奇思妙解	2016—04	38.00	610
高考数学解题策略	2016—05	48.00	670
数学解题泄天机	2016—06	48.00	668
高考物理压轴题全解	2017—04	48.00	746
高中物理经典问题25讲	2017—05	28.00	764
2016年高考文科数学真题研究	2017—04	58.00	754
2016年高考理科数学真题研究	2017—04	78.00	755
初中数学、高中数学脱节知识补缺教材	2017—06	48.00	766

哈尔滨工业大学出版社刘培杰数学工作室
已出版(即将出版)图书目录

书　名	出版时间	定　价	编号
新编 640 个世界著名数学智力趣题	2014—01	88.00	242
500 个最新世界著名数学智力趣题	2008—06	48.00	3
400 个最新世界著名数学最值问题	2008—09	48.00	36
500 个世界著名数学征解问题	2009—06	48.00	52
400 个中国最佳初等数学征解老问题	2010—01	48.00	60
500 个俄罗斯数学经典老题	2011—01	28.00	81
1000 个国外中学物理好题	2012—04	48.00	174
300 个日本高考数学题	2012—05	38.00	142
700 个早期日本高考数学试题	2017—02	88.00	752
500 个前苏联早期高考数学试题及解答	2012—05	28.00	185
546 个早期俄罗斯大学生数学竞赛题	2014—03	38.00	285
548 个来自美苏的数学好问题	2014—11	28.00	396
20 所苏联著名大学早期入学试题	2015—02	18.00	452
161 道德国工科大学生必做的微分方程习题	2015—05	28.00	469
500 个德国工科大学生必做的高数习题	2015—06	28.00	478
360 个数学竞赛问题	2016—08	58.00	677
德国讲义日本考题.微积分卷	2015—04	48.00	456
德国讲义日本考题.微分方程卷	2015—04	38.00	457
中国初等数学研究　2009 卷(第 1 辑)	2009—05	20.00	45
中国初等数学研究　2010 卷(第 2 辑)	2010—05	30.00	68
中国初等数学研究　2011 卷(第 3 辑)	2011—07	60.00	127
中国初等数学研究　2012 卷(第 4 辑)	2012—07	48.00	190
中国初等数学研究　2014 卷(第 5 辑)	2014—02	48.00	288
中国初等数学研究　2015 卷(第 6 辑)	2015—06	68.00	493
中国初等数学研究　2016 卷(第 7 辑)	2016—04	68.00	609
中国初等数学研究　2017 卷(第 8 辑)	2017—01	98.00	712
几何变换(Ⅰ)	2014—07	28.00	353
几何变换(Ⅱ)	2015—06	28.00	354
几何变换(Ⅲ)	2015—01	38.00	355
几何变换(Ⅳ)	2015—12	38.00	356
博弈论精粹	2008—03	58.00	30
博弈论精粹.第二版(精装)	2015—01	88.00	461
数学 我爱你	2008—01	28.00	20
精神的圣徒　别样的人生——60 位中国数学家成长的历程	2008—09	48.00	39
数学史概论	2009—06	78.00	50
数学史概论(精装)	2013—03	158.00	272
数学史选讲	2016—01	48.00	544
斐波那契数列	2010—02	28.00	65
数学拼盘和斐波那契魔方	2010—07	38.00	72
斐波那契数列欣赏	2011—01	28.00	160
数学的创造	2011—02	48.00	85
数学美与创造力	2016—01	48.00	595
数海拾贝	2016—01	48.00	590
数学中的美	2011—02	38.00	84
数论中的美学	2014—12	38.00	351
数学王者　科学巨人——高斯	2015—01	28.00	428
振兴祖国数学的圆梦之旅:中国初等数学研究史话	2015—06	98.00	490
二十世纪中国数学史料研究	2015—10	48.00	536
数字谜、数阵图与棋盘覆盖	2016—01	58.00	298
时间的形状	2016—01	38.00	556
数学发现的艺术:数学探索中的合情推理	2016—07	58.00	671
活跃在数学中的参数	2016—07	48.00	675

哈尔滨工业大学出版社刘培杰数学工作室
已出版(即将出版)图书目录

书　名	出版时间	定　价	编号
数学解题——靠数学思想给力(上)	2011—07	38.00	131
数学解题——靠数学思想给力(中)	2011—07	48.00	132
数学解题——靠数学思想给力(下)	2011—07	38.00	133
我怎样解题	2013—01	48.00	227
数学解题中的物理方法	2011—06	28.00	114
数学解题的特殊方法	2011—06	48.00	115
中学数学计算技巧	2012—01	48.00	116
中学数学证明方法	2012—01	58.00	117
数学趣题巧解	2012—03	28.00	128
高中数学教学通鉴	2015—05	58.00	479
和高中生漫谈:数学与哲学的故事	2014—08	28.00	369
自主招生考试中的参数方程问题	2015—01	28.00	435
自主招生考试中的极坐标问题	2015—04	28.00	463
近年全国重点大学自主招生数学试题全解及研究.华约卷	2015—02	38.00	441
近年全国重点大学自主招生数学试题全解及研究.北约卷	2016—05	38.00	619
自主招生数学解证宝典	2015—09	48.00	535
格点和面积	2012—07	18.00	191
射影几何趣谈	2012—04	28.00	175
斯潘纳尔引理——从一道加拿大数学奥林匹克试题谈起	2014—01	28.00	228
李普希兹条件——从几道近年高考数学试题谈起	2012—10	18.00	221
拉格朗日中值定理——从一道北京高考试题的解法谈起	2015—10	18.00	197
闵可夫斯基定理——从一道清华大学自主招生试题谈起	2014—01	28.00	198
哈尔测度——从一道冬令营试题的背景谈起	2012—08	28.00	202
切比雪夫逼近问题——从一道中国台北数学奥林匹克试题谈起	2013—04	38.00	238
伯恩斯坦多项式与贝齐尔曲面——从一道全国高中数学联赛试题谈起	2013—03	38.00	236
卡塔兰猜想——从一道普特南竞赛试题谈起	2013—06	18.00	256
麦卡锡函数和阿克曼函数——从一道前南斯拉夫数学奥林匹克试题谈起	2012—08	18.00	201
贝蒂定理与拉姆贝克莫斯尔定理——从一个拣石子游戏谈起	2012—08	18.00	217
皮亚诺曲线和豪斯道夫分球定理——从无限集谈起	2012—08	18.00	211
平面凸图形与凸多面体	2012—10	28.00	218
斯坦因豪斯问题——从一道二十五省市自治区中学数学竞赛试题谈起	2012—07	18.00	196
纽结理论中的亚历山大多项式与琼斯多项式——从一道北京市高一数学竞赛试题谈起	2012—07	28.00	195
原则与策略——从波利亚"解题表"谈起	2013—04	38.00	244
转化与化归——从三大尺规作图不能问题谈起	2012—08	28.00	214
代数几何中的贝祖定理(第一版)——从一道IMO试题的解法谈起	2013—08	18.00	193
成功连贯理论与约当块理论——从一道比利时数学竞赛试题谈起	2012—04	18.00	180
素数判定与大数分解	2014—08	18.00	199
置换多项式及其应用	2012—10	18.00	220
椭圆函数与模函数——从一道美国加州大学洛杉矶分校(UCLA)博士资格考题谈起	2012—10	28.00	219
差分方程的拉格朗日方法——从一道2011年全国高考理科试题的解法谈起	2012—08	28.00	200

哈尔滨工业大学出版社刘培杰数学工作室已出版(即将出版)图书目录

书　名	出版时间	定　价	编号
力学在几何中的一些应用	2013—01	38.00	240
高斯散度定理、斯托克斯定理和平面格林定理——从一道国际大学生数学竞赛试题谈起	即将出版		
康托洛维奇不等式——从一道全国高中联赛试题谈起	2013—03	28.00	337
西格尔引理——从一道第18届IMO试题的解法谈起	即将出版		
罗斯定理——从一道前苏联数学竞赛试题谈起	即将出版		
拉克斯定理和阿廷定理——从一道IMO试题的解法谈起	2014—01	58.00	246
毕卡大定理——从一道美国大学数学竞赛试题谈起	2014—07	18.00	350
贝齐尔曲线——从一道全国高中联赛试题谈起	即将出版		
拉格朗日乘子定理——从一道2005年全国高中联赛试题的高等数学解法谈起	2015—05	28.00	480
雅可比定理——从一道日本数学奥林匹克试题谈起	2013—04	48.00	249
李天岩—约克定理——从一道波兰数学竞赛试题谈起	2014—06	28.00	349
整系数多项式因式分解的一般方法——从克朗耐克算法谈起	即将出版		
布劳维不动点定理——从一道前苏联数学奥林匹克试题谈起	2014—01	38.00	273
伯恩赛德定理——从一道英国数学奥林匹克试题谈起	即将出版		
布查特—莫斯特定理——从一道上海市初中竞赛试题谈起	即将出版		
数论中的同余的问题——从一道普特南竞赛试题谈起	即将出版		
范·德蒙行列式——从一道美国数学奥林匹克试题谈起	即将出版		
中国剩余定理:总数法构建中国历史年表	2015—01	28.00	430
牛顿程序与方程求根——从一道全国高考试题解法谈起	即将出版		
库默尔定理——从一道IMO预选试题谈起	即将出版		
卢丁定理——从一道冬令营试题的解法谈起	即将出版		
沃斯滕霍姆定理——从一道IMO预选试题谈起	即将出版		
卡尔松不等式——从一道莫斯科数学奥林匹克试题谈起	即将出版		
信息论中的香农熵——从一道近年高考压轴题谈起	即将出版		
约当不等式——从一道希望杯竞赛试题谈起	即将出版		
拉比诺维奇定理	即将出版		
刘维尔定理——从一道《美国数学月刊》征解问题的解法谈起	即将出版		
卡塔兰恒等式与级数求和——从一道IMO试题的解法谈起	即将出版		
勒让德猜想与素数分布——从一道爱尔兰竞赛试题谈起	即将出版		
天平称重与信息论——从一道基辅市数学奥林匹克试题谈起	即将出版		
哈密尔顿—凯莱定理:从一道高中数学联赛试题的解法谈起	2014—09	18.00	376
艾思特曼定理——从一道CMO试题的解法谈起	即将出版		
一个爱尔特希问题——从一道西德数学奥林匹克试题谈起	即将出版		
有限群中的爱丁格尔问题——从一道北京市初中二年级数学竞赛试题谈起	即将出版		
贝克码与编码理论——从一道全国高中联赛试题谈起	即将出版		
帕斯卡三角形	2014—03	18.00	294
蒲丰投针问题——从2009年清华大学的一道自主招生试题谈起	2014—01	38.00	295
斯图姆定理——从一道"华约"自主招生试题的解法谈起	2014—01	18.00	296
许瓦兹引理——从一道加利福尼亚大学伯克利分校数学系博士生试题谈起	2014—08	18.00	297
拉姆塞定理——从王诗宬院士的一个问题谈起	2016—04	48.00	299
坐标法	2013—12	28.00	332
数论三角形	2014—04	38.00	341
毕克定理	2014—07	18.00	352
数林掠影	2014—09	48.00	389
我们周围的概率	2014—10	38.00	390
凸函数最值定理:从一道华约自主招生题的解法谈起	2014—10	28.00	391
易学与数学奥林匹克	2014—10	38.00	392

哈尔滨工业大学出版社刘培杰数学工作室
已出版(即将出版)图书目录

书　名	出版时间	定　价	编号
生物数学趣谈	2015—01	18.00	409
反演	2015—01	28.00	420
因式分解与圆锥曲线	2015—01	18.00	426
轨迹	2015—01	28.00	427
面积原理：从常庚哲命的一道 CMO 试题的积分解法谈起	2015—01	48.00	431
形形色色的不动点定理：从一道 28 届 IMO 试题谈起	2015—01	38.00	439
柯西函数方程：从一道上海交大自主招生的试题谈起	2015—02	28.00	440
三角恒等式	2015—02	28.00	442
无理性判定：从一道 2014 年"北约"自主招生试题谈起	2015—01	38.00	443
数学归纳法	2015—03	18.00	451
极端原理与解题	2015—04	28.00	464
法雷级数	2014—08	18.00	367
摆线族	2015—01	38.00	438
函数方程及其解法	2015—05	38.00	470
含参数的方程和不等式	2012—09	28.00	213
希尔伯特第十问题	2016—01	38.00	543
无穷小量的求和	2016—01	28.00	545
切比雪夫多项式：从一道清华大学金秋营试题谈起	2016—01	38.00	583
泽肯多夫定理	2016—03	38.00	599
代数等式证题法	2016—01	28.00	600
三角等式证题法	2016—01	28.00	601
吴大任教授藏书中的一个因式分解公式：从一道美国数学邀请赛试题的解法谈起	2016—06	28.00	656
中等数学英语阅读文选	2006—12	38.00	13
统计学专业英语	2007—03	28.00	16
统计学专业英语（第二版）	2012—07	48.00	176
统计学专业英语（第三版）	2015—04	68.00	465
幻方和魔方（第一卷）	2012—05	68.00	173
尘封的经典——初等数学经典文献选读（第一卷）	2012—07	48.00	205
尘封的经典——初等数学经典文献选读（第二卷）	2012—07	38.00	206
代换分析：英文	2015—07	38.00	499
实变函数论	2012—06	78.00	181
复变函数论	2015—08	38.00	504
非光滑优化及其变分分析	2014—01	48.00	230
疏散的马尔科夫链	2014—01	58.00	266
马尔科夫过程论基础	2015—01	28.00	433
初等微分拓扑学	2012—07	18.00	182
方程式论	2011—03	38.00	105
初级方程式论	2011—03	28.00	106
Galois 理论	2011—03	18.00	107
古典数学难题与伽罗瓦理论	2012—11	58.00	223
伽罗华与群论	2014—01	28.00	290
代数方程的根式解及伽罗瓦理论	2011—03	28.00	108
代数方程的根式解及伽罗瓦理论（第二版）	2015—01	28.00	423
线性偏微分方程讲义	2011—03	18.00	110
几类微分方程数值方法的研究	2015—05	38.00	485
N 体问题的周期解	2011—03	28.00	111
代数方程式论	2011—05	18.00	121
线性代数与几何：英文	2016—06	58.00	578
动力系统的不变量与函数方程	2011—07	48.00	137
基于短语评价的翻译知识获取	2012—02	48.00	168
应用随机过程	2012—04	48.00	187
概率论导引	2012—04	18.00	179

哈尔滨工业大学出版社刘培杰数学工作室
已出版(即将出版)图书目录

书 名	出版时间	定 价	编号
矩阵论(上)	2013—06	58.00	250
矩阵论(下)	2013—06	48.00	251
对称锥互补问题的内点法:理论分析与算法实现	2014—08	68.00	368
抽象代数:方法导引	2013—06	38.00	257
集论	2016—01	48.00	576
多项式理论研究综述	2016—01	38.00	577
函数论	2014—11	78.00	395
反问题的计算方法及应用	2011—11	28.00	147
初等数学研究(Ⅰ)	2008—09	68.00	37
初等数学研究(Ⅱ)(上、下)	2009—05	118.00	46,47
数阵及其应用	2012—02	28.00	164
绝对值方程—折边与组合图形的解析研究	2012—07	48.00	186
代数函数论(上)	2015—07	38.00	494
代数函数论(下)	2015—07	38.00	495
偏微分方程论:法文	2015—10	48.00	533
时标动力学方程的指数型二分性与周期解	2016—04	48.00	606
重刚体绕不动点运动方程的积分法	2016—05	68.00	608
水轮机水力稳定性	2016—05	48.00	620
Lévy 噪音驱动的传染病模型的动力学行为	2016—05	48.00	667
铣加工动力学系统稳定性研究的数学方法	2016—11	28.00	710
趣味初等方程妙题集锦	2014—09	48.00	388
趣味初等数论选美与欣赏	2015—02	48.00	445
耕读笔记(上卷):一位农民数学爱好者的初数探索	2015—04	28.00	459
耕读笔记(中卷):一位农民数学爱好者的初数探索	2015—05	28.00	483
耕读笔记(下卷):一位农民数学爱好者的初数探索	2015—05	28.00	484
几何不等式研究与欣赏.上卷	2016—01	88.00	547
几何不等式研究与欣赏.下卷	2016—01	48.00	552
初等数列研究与欣赏·上	2016—01	48.00	570
初等数列研究与欣赏·下	2016—01	48.00	571
趣味初等函数研究与欣赏.上	2016—09	48.00	684
趣味初等函数研究与欣赏.下	即将出版		685
火柴游戏	2016—05	38.00	612
异曲同工	即将出版		613
智力解谜	即将出版		614
故事智力	2016—07	48.00	615
名人们喜欢的智力问题	即将出版		616
数学大师的发现、创造与失误	即将出版		617
数学的味道	即将出版		618
数贝偶拾——高考数学题研究	2014—04	28.00	274
数贝偶拾——初等数学研究	2014—04	38.00	275
数贝偶拾——奥数题研究	2014—04	48.00	276
集合、函数与方程	2014—01	28.00	300
数列与不等式	2014—01	38.00	301
三角与平面向量	2014—01	28.00	302
平面解析几何	2014—01	38.00	303
立体几何与组合	2014—01	28.00	304
极限与导数、数学归纳法	2014—01	38.00	305
趣味数学	2014—03	28.00	306
教材教法	2014—04	68.00	307
自主招生	2014—05	58.00	308
高考压轴题(上)	2015—01	48.00	309
高考压轴题(下)	2014—10	68.00	310

哈尔滨工业大学出版社刘培杰数学工作室
已出版(即将出版)图书目录

书 名	出版时间	定 价	编号
从费马到怀尔斯——费马大定理的历史	2013—10	198.00	I
从庞加莱到佩雷尔曼——庞加莱猜想的历史	2013—10	298.00	II
从切比雪夫到爱尔特希(上)——素数定理的初等证明	2013—07	48.00	III
从切比雪夫到爱尔特希(下)——素数定理100年	2012—12	98.00	III
从高斯到盖尔方特——二次域的高斯猜想	2013—10	198.00	IV
从库默尔到朗兰兹——朗兰兹猜想的历史	2014—01	98.00	V
从比勃巴赫到德布朗斯——比勃巴赫猜想的历史	2014—02	298.00	VI
从麦比乌斯到陈省身——麦比乌斯变换与麦比乌斯带	2014—02	298.00	VII
从布尔到豪斯道夫——布尔方程与格论漫谈	2013—10	198.00	VIII
从开普勒到阿诺德——三体问题的历史	2014—05	298.00	IX
从华林到华罗庚——华林问题的历史	2013—10	298.00	X
吴振奎高等数学解题真经(概率统计卷)	2012—01	38.00	149
吴振奎高等数学解题真经(微积分卷)	2012—01	68.00	150
吴振奎高等数学解题真经(线性代数卷)	2012—01	58.00	151
钱昌本教你快乐学数学(上)	2011—12	48.00	155
钱昌本教你快乐学数学(下)	2012—03	58.00	171
高等数学解题全攻略(上卷)	2013—06	58.00	252
高等数学解题全攻略(下卷)	2013—06	58.00	253
高等数学复习纲要	2014—01	18.00	384
三角函数	2014—01	38.00	311
不等式	2014—01	38.00	312
数列	2014—01	38.00	313
方程	2014—01	28.00	314
排列和组合	2014—01	28.00	315
极限与导数	2014—01	28.00	316
向量	2014—09	38.00	317
复数及其应用	2014—08	28.00	318
函数	2014—01	38.00	319
集合	即将出版		320
直线与平面	2014—01	28.00	321
立体几何	2014—04	28.00	322
解三角形	即将出版		323
直线与圆	2014—01	28.00	324
圆锥曲线	2014—01	38.00	325
解题通法(一)	2014—07	38.00	326
解题通法(二)	2014—07	38.00	327
解题通法(三)	2014—05	38.00	328
概率与统计	2014—01	28.00	329
信息迁移与算法	即将出版		330
方程(第2版)	2017—04	38.00	624
三角函数(第2版)	2017—04	38.00	626
向量(第2版)	即将出版		627
立体几何(第2版)	2016—04	38.00	629
直线与圆(第2版)	2016—11	38.00	631
圆锥曲线(第2版)	2016—09	48.00	632
极限与导数(第2版)	2016—04	38.00	635

哈尔滨工业大学出版社刘培杰数学工作室
已出版(即将出版)图书目录

书　　名	出版时间	定　价	编号
美国高中数学竞赛五十讲.第1卷(英文)	2014—08	28.00	357
美国高中数学竞赛五十讲.第2卷(英文)	2014—08	28.00	358
美国高中数学竞赛五十讲.第3卷(英文)	2014—09	28.00	359
美国高中数学竞赛五十讲.第4卷(英文)	2014—09	28.00	360
美国高中数学竞赛五十讲.第5卷(英文)	2014—10	28.00	361
美国高中数学竞赛五十讲.第6卷(英文)	2014—11	28.00	362
美国高中数学竞赛五十讲.第7卷(英文)	2014—12	28.00	363
美国高中数学竞赛五十讲.第8卷(英文)	2015—01	28.00	364
美国高中数学竞赛五十讲.第9卷(英文)	2015—01	28.00	365
美国高中数学竞赛五十讲.第10卷(英文)	2015—02	38.00	366
IMO 50 年.第 1 卷(1959—1963)	2014—11	28.00	377
IMO 50 年.第 2 卷(1964—1968)	2014—11	28.00	378
IMO 50 年.第 3 卷(1969—1973)	2014—09	28.00	379
IMO 50 年.第 4 卷(1974—1978)	2016—04	38.00	380
IMO 50 年.第 5 卷(1979—1984)	2015—04	38.00	381
IMO 50 年.第 6 卷(1985—1989)	2015—04	58.00	382
IMO 50 年.第 7 卷(1990—1994)	2016—01	48.00	383
IMO 50 年.第 8 卷(1995—1999)	2016—06	38.00	384
IMO 50 年.第 9 卷(2000—2004)	2015—04	58.00	385
IMO 50 年.第 10 卷(2005—2009)	2016—01	48.00	386
IMO 50 年.第 11 卷(2010—2015)	2017—03	48.00	646
历届美国大学生数学竞赛试题集.第一卷(1938—1949)	2015—01	28.00	397
历届美国大学生数学竞赛试题集.第二卷(1950—1959)	2015—01	28.00	398
历届美国大学生数学竞赛试题集.第三卷(1960—1969)	2015—01	28.00	399
历届美国大学生数学竞赛试题集.第四卷(1970—1979)	2015—01	18.00	400
历届美国大学生数学竞赛试题集.第五卷(1980—1989)	2015—01	28.00	401
历届美国大学生数学竞赛试题集.第六卷(1990—1999)	2015—01	28.00	402
历届美国大学生数学竞赛试题集.第七卷(2000—2009)	2015—08	18.00	403
历届美国大学生数学竞赛试题集.第八卷(2010—2012)	2015—01	18.00	404
新课标高考数学创新题解题诀窍:总论	2014—09	28.00	372
新课标高考数学创新题解题诀窍:必修 1~5 分册	2014—08	38.00	373
新课标高考数学创新题解题诀窍:选修 2—1,2—2,1—1,1—2分册	2014—09	38.00	374
新课标高考数学创新题解题诀窍:选修 2—3,4—4,4—5分册	2014—09	18.00	375
全国重点大学自主招生英文数学试题全攻略:词汇卷	2015—07	48.00	410
全国重点大学自主招生英文数学试题全攻略:概念卷	2015—01	28.00	411
全国重点大学自主招生英文数学试题全攻略:文章选读卷(上)	2016—09	38.00	412
全国重点大学自主招生英文数学试题全攻略:文章选读卷(下)	2017—01	58.00	413
全国重点大学自主招生英文数学试题全攻略:试题卷	2015—07	38.00	414
全国重点大学自主招生英文数学试题全攻略:名著欣赏卷	2017—03	48.00	415
数学物理大百科全书.第 1 卷	2016—01	418.00	508
数学物理大百科全书.第 2 卷	2016—01	408.00	509
数学物理大百科全书.第 3 卷	2016—01	396.00	510
数学物理大百科全书.第 4 卷	2016—01	408.00	511
数学物理大百科全书.第 5 卷	2016—01	368.00	512

哈尔滨工业大学出版社刘培杰数学工作室
已出版(即将出版)图书目录

书　名	出版时间	定　价	编号
劳埃德数学趣题大全.题目卷.1:英文	2016—01	18.00	516
劳埃德数学趣题大全.题目卷.2:英文	2016—01	18.00	517
劳埃德数学趣题大全.题目卷.3:英文	2016—01	18.00	518
劳埃德数学趣题大全.题目卷.4:英文	2016—01	18.00	519
劳埃德数学趣题大全.题目卷.5:英文	2016—01	18.00	520
劳埃德数学趣题大全.答案卷:英文	2016—01	18.00	521
李成章教练奥数笔记.第1卷	2016—01	48.00	522
李成章教练奥数笔记.第2卷	2016—01	48.00	523
李成章教练奥数笔记.第3卷	2016—01	38.00	524
李成章教练奥数笔记.第4卷	2016—01	38.00	525
李成章教练奥数笔记.第5卷	2016—01	38.00	526
李成章教练奥数笔记.第6卷	2016—01	38.00	527
李成章教练奥数笔记.第7卷	2016—01	38.00	528
李成章教练奥数笔记.第8卷	2016—01	48.00	529
李成章教练奥数笔记.第9卷	2016—01	28.00	530
朱德祥代数与几何讲义.第1卷	2017—01	38.00	697
朱德祥代数与几何讲义.第2卷	2017—01	28.00	698
朱德祥代数与几何讲义.第3卷	2017—01	28.00	699
zeta函数,q-zeta函数,相伴级数与积分	2015—08	88.00	513
微分形式:理论与练习	2015—08	58.00	514
离散与微分包含的逼近和优化	2015—08	58.00	515
艾伦·图灵:他的工作与影响	2016—01	98.00	560
测度理论概率导引,第2版	2016—01	88.00	561
带有潜在故障恢复系统的半马尔柯夫模型控制	2016—01	98.00	562
数学分析原理	2016—01	88.00	563
随机偏微分方程的有效动力学	2016—01	88.00	564
图的谱半径	2016—01	58.00	565
量子机器学习中数据挖掘的量子计算方法	2016—01	98.00	566
量子物理的非常规方法	2016—01	118.00	567
运输过程的统一非局部理论:广义波尔兹曼物理动力学,第2版	2016—01	198.00	568
量子力学与经典力学之间的联系在原子、分子及电动力学系统建模中的应用	2016—01	58.00	569
第19~23届"希望杯"全国数学邀请赛试题审题要津详细评注(初一版)	2014—03	28.00	333
第19~23届"希望杯"全国数学邀请赛试题审题要津详细评注(初二、初三版)	2014—03	38.00	334
第19~23届"希望杯"全国数学邀请赛试题审题要津详细评注(高一版)	2014—03	28.00	335
第19~23届"希望杯"全国数学邀请赛试题审题要津详细评注(高二版)	2014—03	38.00	336
第19~25届"希望杯"全国数学邀请赛试题审题要津详细评注(初一版)	2015—01	38.00	416
第19~25届"希望杯"全国数学邀请赛试题审题要津详细评注(初二、初三版)	2015—01	58.00	417
第19~25届"希望杯"全国数学邀请赛试题审题要津详细评注(高一版)	2015—01	48.00	418
第19~25届"希望杯"全国数学邀请赛试题审题要津详细评注(高二版)	2015—01	48.00	419
闵嗣鹤文集	2011—03	98.00	102
吴从炘数学活动三十年(1951~1980)	2010—07	99.00	32
吴从炘数学活动又三十年(1981~2010)	2015—07	98.00	491

哈尔滨工业大学出版社刘培杰数学工作室 已出版(即将出版)图书目录

书　名	出版时间	定　价	编号
物理奥林匹克竞赛大题典——力学卷	2014—11	48.00	405
物理奥林匹克竞赛大题典——热学卷	2014—04	28.00	339
物理奥林匹克竞赛大题典——电磁学卷	2015—07	48.00	406
物理奥林匹克竞赛大题典——光学与近代物理卷	2014—06	28.00	345
历届中国东南地区数学奥林匹克试题集(2004~2012)	2014—06	18.00	346
历届中国西部地区数学奥林匹克试题集(2001~2012)	2014—07	18.00	347
历届中国女子数学奥林匹克试题集(2002~2012)	2014—08	18.00	348
数学奥林匹克在中国	2014—06	98.00	344
数学奥林匹克问题集	2014—01	38.00	267
数学奥林匹克不等式散论	2010—06	38.00	124
数学奥林匹克不等式欣赏	2011—09	38.00	138
数学奥林匹克超级题库(初中卷上)	2010—01	58.00	66
数学奥林匹克不等式证明方法和技巧(上、下)	2011—08	158.00	134,135
他们学什么:原民主德国中学数学课本	2016—09	38.00	658
他们学什么:英国中学数学课本	2016—09	38.00	659
他们学什么:法国中学数学课本.1	2016—09	38.00	660
他们学什么:法国中学数学课本.2	2016—09	28.00	661
他们学什么:法国中学数学课本.3	2016—09	38.00	662
他们学什么:苏联中学数学课本	2016—09	28.00	679
高中数学题典——集合与简易逻·函数	2016—07	48.00	647
高中数学题典——导数	2016—07	48.00	648
高中数学题典——三角函数·平面向量	2016—07	48.00	649
高中数学题典——数列	2016—07	58.00	650
高中数学题典——不等式·推理与证明	2016—07	38.00	651
高中数学题典——立体几何	2016—07	48.00	652
高中数学题典——平面解析几何	2016—07	78.00	653
高中数学题典——计数原理·统计·概率·复数	2016—07	48.00	654
高中数学题典——算法·平面几何·初等数论·组合数学·其他	2016—07	68.00	655
台湾地区奥林匹克数学竞赛试题.小学一年级	2017—03	38.00	722
台湾地区奥林匹克数学竞赛试题.小学二年级	2017—03	38.00	723
台湾地区奥林匹克数学竞赛试题.小学三年级	2017—03	38.00	724
台湾地区奥林匹克数学竞赛试题.小学四年级	2017—03	38.00	725
台湾地区奥林匹克数学竞赛试题.小学五年级	2017—03	38.00	726
台湾地区奥林匹克数学竞赛试题.小学六年级	2017—03	38.00	727
台湾地区奥林匹克数学竞赛试题.初中一年级	2017—03	38.00	728
台湾地区奥林匹克数学竞赛试题.初中二年级	2017—03	38.00	729
台湾地区奥林匹克数学竞赛试题.初中三年级	2017—03	28.00	730
不等式证题法	2017—04	28.00	747
平面几何培优教程	即将出版		748
奥数鼎级培优教程.高一分册	即将出版		749
奥数鼎级培优教程.高二分册	即将出版		750
高中数学竞赛冲刺宝典	即将出版		751

哈尔滨工业大学出版社刘培杰数学工作室
已出版(即将出版)图书目录

书　名	出版时间	定　价	编号
斯米尔诺夫高等数学.第一卷	2017—02	88.00	770
斯米尔诺夫高等数学.第二卷.第一分册	即将出版		771
斯米尔诺夫高等数学.第二卷.第二分册	即将出版		772
斯米尔诺夫高等数学.第二卷.第三分册	即将出版		773
斯米尔诺夫高等数学.第三卷.第一分册	即将出版		774
斯米尔诺夫高等数学.第三卷.第二分册	即将出版		775
斯米尔诺夫高等数学.第三卷.第三分册	即将出版		776
斯米尔诺夫高等数学.第四卷.第一分册	2017—02	48.00	777
斯米尔诺夫高等数学.第四卷.第二分册	即将出版		778
斯米尔诺夫高等数学.第五卷.第一分册	即将出版		779
斯米尔诺夫高等数学.第五卷.第二分册	即将出版		780

联系地址:哈尔滨市南岗区复华四道街10号　哈尔滨工业大学出版社刘培杰数学工作室
网　　址:http://lpj.hit.edu.cn/
邮　　编:150006
联系电话:0451—86281378　　13904613167
E-mail:lpj1378@163.com